영상으로 공부하는
인명구조 강의노트

Rescues

도서출판 윤성사 229

영상으로 공부하는
인명구조 강의노트
Rescues

제1판 제1쇄   2024년 1월 18일

지 은 이   류상일·채 진·김영재
펴 낸 이   정재훈
꾸 민 이   안미숙

펴 낸 곳   도서출판 윤성사
주   소   서울특별시 용산구 효창원로 64길 10 백오빌딩 지하 1층
전   화   대표번호_02)313-3814 / 영업부_02)313-3813 / 팩스_02)313-3812
전자우편   yspublish@daum.net
등   록   2017. 1. 23

ISBN 979-11-93058-32-9 (93530)
값 14,000원

ⓒ 류상일·채 진·김영재, 2024

저자와의 협의에 따라 인지를 생략합니다.

이 책의 전부 또는 일부 내용을 재사용하려면 반드시 사전에 저작권자와
도서출판 윤성사의 동의를 받아야 합니다.

잘못 만들어진 책은 구입하신 서점에서 교환 가능합니다.

Rescues

류상일·채 진·김영재

영상으로 공부하는
인명구조 강의노트

도서출판 윤성사

Rescues

머리말

코로나19 시기를 지나면서 재난과 안전은 이제 개인만이 아니라 모든 사회 주체가 더 관심을 기울여야 하는 주제다. 세계 어디서나 예외 없이 소방은 화재를 예방하고 진압해서 사람의 생명과 재산을 보호하는데 목적을 두고 있다. 그 가운데 사람의 생명을 구조하는 임무는 정보통신기술이 발달한 현대 사회에서도 무엇보다도 중요하다.

하루가 다르게 스마트 기술이 발달하더라도 과거부터 사용하던 장비와 기술을 바탕으로 구조하는 일은 흔하다. 특히, 의식을 잃은 사람이거나 특수한 상황에 놓인 사람이라면 누군가의 도움은 꼭 절실하다.

이에 소방에서 '인명구조(Rescues)'는 소방관 개인부터 소방청의 모든 사람이 알아야 하는 내용이며, 소방학을 공부하는 사람이라면 꼭 숙지하여야 한다. 인명구조는 누구라도 당사자가 될 수 있으며 도움을 요청하거나 받을 수도 있기에 24시간 365일 '언제 어디서나' 대할 수 있다. 이에 이 책은 인명구조의 기본 지식과 요령을 정리했고 영상으로 공부할 수 있도록 구성했다. 책의 구성은 제1장 구조 개론, 제2장 구조 활동, 제3장 구조 장비, 제4장 구조 훈련, 제5장 구조 유형, 제6장 생활 안전관리로 나누어져 있다. 각 장에 적합한 기본 이론, 원칙, 수칙, 단계별 대응 요령을 제시하고 관련 영상이나 사진 자료를 QR코드로 배치해 독자들이 다양한 정보를 얻을 수 있도록 했다.

신속하면서도 복합적인 인명구조는 1분 1초를 아껴서 긴급하게 환자

영상으로 공부하는 인명구조 강의노트

를 구조하고 이송하는 사례도 있으나 건물 붕괴 사고에서 생존자를 찾아야 하는 오랜 시간 인내심을 가지는 사례도 있다. 특히, 소방관 개인이 갖추어야 하는 구조 요령은 기본 원칙과 이론을 알아야만 이상 없이 구조할 수 있다. 때에 따라서는 소방관 전원이 협력해야만 구조할 수 있는 대형 재난 사건도 예기치 않게 일어난다. 또한 반려동물 구조, 벌집 제거와 같은 생활 안전도 소방 업무과 연결되어 있다. 이제 '인명구조'는 사람을 넘어서 동물을 구조하고 사람에게 위협이 될 수 있는 대상을 제거하는 일까지 포함하고 있기에 인명구조의 중요성은 더욱 커졌다. 이에 이 책이 안전한 사회를 만드는데 조금이라도 일조가 되기를 희망한다.

  좋은 원고가 나오기까지 꼼꼼히 교정작업을 도와준 박준하 선생님(전, 해군 작전사 근무), 이성영 선생님, 양수연 선생님께 감사하는 마음을 전하며, 또한 항공구조와 수난구조에 전문적 조언을 아끼지 않으신 부산소방재난본부 특수구조단 강동섭 수상구조대장님과 손민석 119항공대장님께 이 지면을 빌어 감사의 마음을 표한다. 특히, 이 책이 나오기까지 물심양면으로 도움을 준 윤성사 정재훈 대표님께 깊은 감사를 표한다.

2023년 1월 1일
새해를 맞이하며
저자 일동

Rescues

목차

머리말	4
일러두기	8
참고 영화	9

제1장 구조 개론 — 11
1. 구조 활동 개념과 운용	11
2. 구조대원 자격 기준과 대응 절차	14
3. 구조대원 임무	21

제2장 구조 활동 — 23
1. 출동 대비	23
2. 현장 파악	26
3. 현장 보고	27
4. 구조 활동	29
5. 현장 통제	35

제3장 구조 장비 — 40
1. 장비 사용 원칙	40
2. 일반 구조 장비	43
3. 측정 장비	53
4. 절단 장비	56
5. 중량물 작업 장비	57
6. 탐색구조 장비	59
7. 보호 장비	61
8. 보조 장비	65
9. 헬리콥터	66

제4장 구조 훈련 — 71
1. 로프 매듭	71
2. 마디 짓기(결절) 매듭	72
3. 이어매기(연결) 매듭	75
4. 움켜매기(결착) 매듭	76
5. 매듭 활용	78
6. 로프 정리	80
7. 로프 설치	82
8. 확보	87
9. 하강 준비	90
10. 하강 실시	92
11. 등반과 도하	94
12. 응용 구조	95

제5장 구조 유형　　　　　　　　　　　　　　　　99
　　1. 구조 활동 기본 수칙　　　　　　　　　　　99
　　2. 감금 또는 끼임 사고 구조　　　　　　　　104
　　3. 자동차 사고 구조　　　　　　　　　　　　107
　　4. 수난 사고 구조　　　　　　　　　　　　　116
　　5. 건축 사고 구조　　　　　　　　　　　　　131
　　6. 항공기 사고 구조　　　　　　　　　　　　137
　　7. 엘리베이터 사고 구조　　　　　　　　　　140
　　8. 추락 사고 구조　　　　　　　　　　　　　144
　　9. 붕괴 사고 구조　　　　　　　　　　　　　146
　　10. 가스 사고 구조　　　　　　　　　　　　 148
　　11. 암벽 사고 구조　　　　　　　　　　　　 151

제6장 생활 안전관리　　　　　　　　　　　　　　154
　　1. 생활 안전 사고 유형　　　　　　　　　　　154
　　2. 소방 안전관리 특징　　　　　　　　　　　156

　　　맺음말　　　　　　　　　　　　　　　　　160

부록
　　1. 소방 장비 분류　　　　　　　　　　　　　162
　　2. 구조 활동 일지　　　　　　　　　　　　　164
　　3. 구조 거절 확인서　　　　　　　　　　　　165
　　4. 구조본부 비상가동 운영기준　　　　　　　166
　　5. 인명구조장비 기본규격　　　　　　　　　167
　　6. 신임 구조견 운용자 선발기준　　　　　　168
　　7. 훈련견 도입평가 기준　　　　　　　　　　169
　　8. 북대서양조약기구 음성 알파벳 신호　　　170
　　9. 소방분야 전문용어 표준화　　　　　　　　171
　　10. 119구조·구급에 관한 법률　　　　　　　173
　　11. 119 소방 강령　　　　　　　　　　　　 173

참고 문헌　　　　　　　　　　　　　　　　　　174
저자 소개　　　　　　　　　　　　　　　　　　183

일러두기

1. 이 책은 중앙소방학교 홈페이지(www.nfa.go.kr)에 게시된 2022~2023년 교재 및 저자의 강의자료를 참고해 수정·보완·편집을 새롭게 했습니다.

2. 중앙소방학교 홈페이지에서 제공하는 2022 신임교육과정 자료에서 인명 구조 관련 내용을 발췌 후 정리했으나 소방공학, 응급의학을 포함한 아래 내용은 이 책의 범위에서 제외했습니다.
   1) 예방실무 : 소방시설 전기과 기계, 건축법령, 위험물시설
   2) 소방법령 : 소방공무원법 등
   3) 소방차량장비실무 : 소방자동차 점검과 정비
   4) 행정실무 : 소방관의 행정 운영 실무
   5) 소방전술 : 인명구조 내용을 제외한 구체적 화재 대응과 응급처치 절차

3. 이 책은 가능한 영상, 사진, 홈페이지를 활용해서 인명구조를 처음 대하는 사람이 읽을 수 있는 내용이므로 실제 현장과 차이가 있습니다.

4. 인명구조는 긴급성, 즉시성 등이 매우 강하기 때문에 교재에 없는 상황이나 환경을 고려한다는 점을 유념하시기 바랍니다.

5. 영상, 사진, 홈페이지는 시간이 지나면 교체되거나 변형될 수 있으므로 주요 검색어를 활용해서 내용을 이해하시면 좋습니다.

참고 영화

소방관을 다룬 영화는 많지 않으나 1970년대부터 2010년대까지 제작되어 감동을 주고 있으며 작품성과 대중성을 두루 갖춘 영화는 아래와 같습니다. 아래 영상은 간략한 인트로 영상이므로 관심이 있는 독자는 전체 영상을 보는 것을 추천합니다.

타워링(The Towering Inferno, 1974)
https://youtu.be/UvyHlR-V0B0?si=Okz0f7WlfzBGRxdT

분노의 역류(Backdraft Trailer, 1991)
https://youtu.be/rTwgbwYTWdQ?si=s8YjkbR0UJH8CnZp

가디언(The Guardian -Movie Trailer, 2006)
https://youtu.be/xnih2FX3y_4?si=FB5je1slXnng2hl0

온리 더 브레이브(Only the Brave Trailer, 2017)
https://youtu.be/EE_GY6zccqc?si=0vjlMUHcAWnGlOgn

쓰루 더 파이어(Through the Fire/Sauver ou périr, 2018)
https://youtu.be/gDdjaFjyyhc?si=sHiOSkKNDC1ayQ7v

영상으로 공부하는
인명구조 강의노트
Rescues

제1장
구조 개론

1. 구조 활동 개념과 운용

■ 구조(Rescue)는 화재, 재난·재해, 테러, 위급상황에서 '도움이 필요한 사람(요구조자)'의 생명, 신체, 재산을 보호하는 모든 활동[01]

■ 인명구조는 급박한 신체적 위급상황 또는 위급상황에서 스스로 힘으로 벗어날 수 없는 사람을 지식·기술·체력·장비를 활용해 생명과 신체를 보호하고 안전한 장소로 구출하는 모든 활동[02]

■ 소방기관의 구조 활동은 「소방기본법」에 따르며 화재를 예방, 경계, 진압하고 그 밖의 위급상황에서 구조·구급활동 등으로 국민의 생명, 신체, 재산 보호[03]

---

01 119 구조구급에 관한 법률, 제2조
02 인명구조사 교육 및 시험에 관한 규정, 제2조
03 소방기본법, 제1조

- 「119구조·구급에 관한 법률」에 따르면 화재, 재난·재해, 테러, 위급상황에서 국민의 생명, 신체, 재산을 보호한다는 규정에 근거[04]

  ○ 위급상황에서 요구조자(要救助者) 등을 신속하고 안전하게 구조하는 업무를 수행하려고 119구조대를 편성·운영해야 한다는 규정[05]

  ○ 소방 구조 행정은 소방기관이 수행하는 비권력적, 직접적 서비스

- 1958년 3월 11일 법률 제485호로 「소방법」 제정부터 구조를 실시했으며 당시 화재, 풍수해, 설해(雪害) 인명구조업무가 소방업무에 포함되었으나, 1967년 4월 14일 법률 제1955호로 「소방법」을 개정하면서 화재만을 담당

- 1987년 9월 4일 '119특별구조대설치운영계획' 수립, 1988년 8월 1일 올림픽이 개최되는 7개 도시에 119특별구조대 9개 대 설치, 구조대원 114명과 구조공작차 9대로 화재 등 사고 인명구조 활동을 수행[06]

- 1989년 「소방법」 개정(법률 제4155호)으로 소방업무에 구조 활동 명문화[07]

---

[04] 119 구조·구급에 관한 법률, 제1조
[05] 119 구조·구급에 관한 법률, 제10조
[06] 채진·임동균, 2021: 16-17
[07] 중앙소방학교, 2022

제1장 구조 개론

○ 행정자치부 장관 직속 중앙119구조대(중앙119구조단 → 중앙119구조본부 승격) 설치, 각 시·도 수난구조대, 산악구조대, 화학구조대 등 설치 이후 2011년 9월 9일 「119구조·구급에 관한 법률」 시행으로 기반 마련

○ 소방청장 등은 위급상황에서 요구조자(要救助者) 생명 등을 신속하고 안전하게 구조하려는 목적으로 119구조대 편성 운영, 국외에서 대형재난 등이 발생하면 국제구조대 편성 운영, 초고층 건축물 등에서 요구조자 생명 구조에 항공구조구급대 편성 운영
　- 일반구조대 : 시·도 규칙으로 소방서마다 1개 대(隊) 이상 설치, 소방서가 없는 시·군·구는 해당 지역 중심지에 있는 119안전센터에 설치
　- 특수구조대 : 시·도 규칙으로 지역을 관할하는 소방서에 설치(고속국도구조대는 직할 구조대에 설치)
　　◆ 화학구조대 : 화학공장 밀집 지역
　　◆ 수난구조대 : 내수면(하천, 댐, 호수, 늪, 저수지 등) 지역
　　◆ 산악구조대 : 자연공원 등 산악지역
　　◆ 고속국도구조대 : 고속국도
　　◆ 지하철구조대 : 도시철도의 역사와 역 시설
　- 직할구조대 : 대형·특수 재난사고 구조, 현장 지휘, 지원
　- 테러 대응 구조대(비상설 구조대) : 필요한 경우 화학구조대와 직할구조대를 테러 대응 구조대로 지정
　- 국제구조대(비상설 구조대) : 재외국민 보호 또는 재난발생국 국민에 인도주의적 구조 활동을 목적으로 국제구조대 편성 운영, 현재 중앙119구조본부

업무 담당

- 항공구조구급대 : 초고층 건축물 등에서 요구조자 생명 안전 구조, 도서·벽지에서 발생한 응급환자를 의료기관에 긴급히 이송[08]

2. 구조대원 자격 기준과 대응 절차

■ **구조대원은 소방공무원**(항공구조구급대원은 구조대원의 자격 기준 또는 구급대원의 자격 기준을 갖추고 소방청장이 실시하는 항공 구조·구급 관련 교육 이수자)[09]

○ 소방청장이 실시하는 인명구조사 교육을 받았거나 인명구조사 시험 합격자

○ 국가·지방자치단체, 공공기관의 구조 관련 분야에서 근무 경력 2년 이상인 사람

○ 응급구조사 자격을 가지고 소방청장이 실시하는 구조업무 교육을 받은 사람[10]

---

08 119 구조·구급에 관한 법률, 제8조
09 119구조·구급에 관한 법률 시행령, 제6조
10 보건복지부, 2022

> **제1장 구조 개론**

극한직업(Extreme JOB) 인명구조요원 1부(EBSDocumentary)
https://youtu.be/M57RqKGkkXY?si=CyRATCAFvEz0y7SH

 극한직업(Extreme JOB) 인명구조요원 2부(EBSDocumentary)
https://youtu.be/nx1GLalENiY?si=DSTxmg0lQ1-BIzp7

■ 현장 안전 확보

○ 재난·사고 발생 현장은 대부분 추가 사고가 발생할 위험성 존재
  - 주의를 소홀히 하면 구조대원 자신도 위험할 수 있으므로 스스로 안전 확인
  - 구조대원은 자신이 사고를 일으키지 않았다는 사실을 기억하고 불필요한 위험을 감수하지 말고 개인 능력을 초과하는 상황에서 무리하면 더 큰 문제 발생[11]

■ 명령 통일

○ 구조 활동은 현장을 장악한 현장지휘관의 판단에 따라 엄정한 규율을 바탕으로 조직적 부대 활동이 기본(자의적 단독행동은 금물)
  - 현장뿐만 아니라 모든 소방 활동에서 명령 통일성 유지는 매우 중요
  - 한 대원은 오직 한 사람의 지휘관에게만 보고하고 한 사람의 지휘만을 받음
  - 단지 계급이 높다고 자신의 직접 명령계통에 있지 않은 대원에게 지시·명

---
11 채진·임동균, 2021: 20; Delmar Thomson Learning, 2004

령하면 현장 혼란 가중

○ 대원 안전에 위협이 되는 심각한 상황, 현장에서 긴급히 대원을 철수해야 하는 등 급박한 경우를 제외하고 명령 통일 준수[12]

■ 현장 활동 우선순위 준수

○ 모든 사고 현장에서 우선순위는 인명 안전(Life safety) → 사고 안정화(Incident stabilization) → 재산 가치 보존(Property conservation)

○ 요구조자(要救助者) 생명 보전이 가장 중요하므로 구명(救命)을 최우선, 다음으로는 신체 구출, 정신적·육체적 고통 경감, 피해 최소화의 순서로 구조 활동 우선순위 결정
  - 요구조자 주변 위험 요인 제거·차단 조치, 생명 유지에 직접 관련되는 기도확보, 산소공급, 심폐소생술 등의 응급처치
  - 요구조자 신체적 고통을 덜어주고 심리 안정을 도모와 재산 피해 경감 노력[13]

서울에서 가장 바쁜 곳 중 하나인 강서소방서 구급대의 일상 (KBS 2019.06.23)
https://youtu.be/373NjnU1uss?si=UyjMZ-_Lq62SawZ7

---
[12] 채진·임동균, 2021: 20-21
[13] 채진·임동균, 2021: 21

제1장 구조 개론

■ 구조대원 역량

○ 구조 활동에 필요한 지식은 요구조자(要救助者)에게 닥친 위험과 상황을 냉철하게 분석 예측해서 효과적 구조 대책을 찾는 능력

○ 기술은 구조 활동에 이용하는 숙달된 방법이나 능력(지식을 바탕으로 다양한 훈련과 현장 활동 경험으로 체득)

○ 결국 구조대원 역량은 다양한 상황에서 "성공적으로 요구조자를 구출할 수 있게 하는 힘"이며 지식, 기술, 체력에 더하여 강인한 책임감과 정신력 작용

■ 신속 대응[14]

○ 사고가 발생한 초기대응 현장에서 구조 활동이나 응급처치 등은 모두 시간 싸움이며 초기대응 시간을 놓치면 상황은 악화

○ 'Rescue Three'에서 '항상 단순한 방법을 선택하라(Always Keep It Simple)'의 머리글자를 따서 'AKIS'로 표현[15]

---

14 Forest F Reeder·Alan E Joos, 2019
15 중앙소방학교, 2017: 9-10

Rescue Tree
https://www.rescue3.com

■ 구조 현장 초기 대응 절차 : LAST[16]

- ○ 1단계 : 현장 확인(Locate)
    - 사고 원인은 무엇이고 어떻게 진행되고 있는가?
    - 상황에 대응하는 방법, 인력, 장비는 무엇인가?
    - 우리가 적절한 대응능력을 갖추고 있는가?
    - 'L' 단계에서 인력, 장비, 지원 부서 등을 정확히 파악해야 구조 활동 성패 좌우

- ○ 2단계 : 접근(Access)
    - 구조 활동 실행 단계로 안전하고 신속하게 요구조자에게 접근

- ○ 3단계 : 상황 안정화(Stabilization)
    - 현장 장악 후 상황이 더 이상 나빠지지 않게 조치하는 단계

- ○ 4단계 : 후송(Transport)
    - 심각한 손상을 입은 요구조자에게 응급처치는 상당히 제한적이므로 일단 의료기관으로 후송('T'는 마지막 후송 단계로 적절한 이동 수단 사용)

---

16 중앙소방학교, 2017: 10-11

제1장 구조 개론

■ 수색구조(Search and Rescue) 순서[17]

○ 구조 활동은 위험평가, 수색, 구조, 응급의료 순서로 진행
  - 위험평가는 구조 활동이 진행되는 재난 현장을 정찰하고 수집된 정보를 바탕으로 상황판단 후 재난 현장과 구조 활동의 안정성을 평가
  - 위험평가 이후 위험 요소 제거로 안전을 확보하고 본격적으로 수색과 구조

○ 초기수색과 정밀수색
  - 초기수색은 구조대원이나 구조견을 활용해 수색, 주로 현장에 있던 주민에게 정보를 얻어 요구조자가 생존할 가능성이 가장 큰 곳부터 실시
  - 정밀수색은 요구조자가 있을 가능성이 가장 높은 장소가 파악되면 수색 장비를 활용해 수색, 수색팀은 요구조자가 발견되면 즉시 구조팀을 요청

○ 육안수색과 장비수색
  - 육안수색은 구조대원이 도보나 차량 또는 헬기를 이용해 현장 조사
  - 장비수색은 구조견, 음향탐지장비, 투시경 등을 이용해 수색

■ 응급의료체계와 응급처치[18]

○ 병원 전 응급처치(Prehospital emergency care)와 병원 처치(Hospital emergency care), 대부분 국가에서 의사가 아닌 응급구조사(EMT:

---
17 중앙소방학교, 2017: 12
18 중앙소방학교, 2017: 12-13

Emergency medical technician)가 출동해 응급처치, 구조, 이송 등에 관여

○ 대규모 사상자가 발생하면 가장 먼저 해야 할 사항은 중증도 분류
  - 중증도 분류는 한정된 인원으로 최선의 의료를 제공하려고 우선순위 부여

■ 현장지휘소와 경계구역 설치[19]

○ 일반적으로 하나 또는 둘 정도 구조대가 출동하면 지휘차 또는 구조차가 도착한 장소가 현장지휘소 역할(규모가 크거나 상황이 복잡하면 별도 지휘소 설치)

○ 현장지휘소 위치는 상황 판단이 용이하고 안전한 장소로 '3UP' 기준
  - '3UP'는 "up hill, up wind, up stream"으로 높은 곳, 풍상, 상류에 위치

○ 경계구역 설정은 사고 현장의 혼란을 줄이며 불필요한 인원도 줄여서 안전관리에 크게 도움을 주며 구조대원이 활동에 제약받지 않고 2차 사고를 방지
  - 안전선(Fire line) 등 즉시 이용할 수 있는 물품으로 일반인 출입 차단
  - 유독가스 누출, 폭발, 붕괴 등은 인근 주민 대피, 주변 교통 통제(통행 차단)
  - 자의적 단독행동은 금지, 지휘자는 현장에서 즉시 판단해 구출 방법과 순

---
[19] 중앙소방학교, 2017: 13-15

> 제1장 구조 개론

서 확정, 대원 임무부여 후 행동 개시

24시간 2교대?! 세상에서 가장 바쁘고 위험한 직업 "나는 소방관이다"(KBS 2016.03.05)
https://youtu.be/s4a90W_vWkk?si=KirQ1Qw8epkv0vpa

3. 구조대원 임무

■ 구조대장(현장지휘관)의 임무[20]

○ 신속한 상황판단, 구조대원 안전 확보, 수시 상황 파악

○ 구조작업 지휘

- 구조대장은 특별한 경우가 아니면 직접 작업하지 않고 구조대 전체를 감독
- 적절한 지휘 통솔이 한 사람을 구조작업에 투입하는 것보다 중요
- 구조 활동 현장에 복수의 부대가 출동하고 관할 소방서에서 아직 도착하지 않았으면 선착 구조대 대장이 구조 활동 전반을 담당(먼저 도착한 구조대가 현장 상황을 정확히 파악)

○ 유관 기관 협조 유지

- 사고 현장 관계자나 관계기관과 연락하고 사고 실태를 정확히 파악

---
[20] 중앙소방학교, 2017: 16-17

■ 대원의 임무[21]

○ 구조대원은 평소에 체력과 기술을 단련하고 장비를 점검·정비

○ 현장에서 지휘명령을 준수하고 각자에게 부여된 임무를 수행
   - 사고 현장에서 자의적 판단과 돌발 행동은 모든 대원과 요구조자까지 위험 유발

전국 최초 여성 '인명구조사' 탄생(YTN 사이언스)
https://youtu.be/rEI2_JbNQ6s?si=E3FiclK68gycVhg3

---
21 중앙소방학교, 2017: 17

제2장
구조 활동

1. 출동 대비[23]

■ 구조 활동은 만반의 대비 필수

○ 구조기법 향상을 도모해서 유사시 대비
 - 과거 사례, 다른 지역 사례 등을 검토, 효과적 재난 대비 훈련, 체력과 기술을 연마하고 사기진작에 노력, 장비는 항상 확실하게 점검 정비, 출동 구역 내 도로 상황, 지형, 구획 등을 사전에 조사 파악[23]

■ 출동 시 조치

○ 출동 지령으로 확인할 사항
 - 사고 발생 장소, 사고 종류와 개요, 도로와 건물 상황, 요구조자 인원과 상

---
22 중앙소방학교, 2017: 18-21
23 강경순·정현민 외, 2014

태, 사고 확대 등 위험 요인과 구조 활동 장애요인 여부

○ 현장 환경 판단과 출동 전 조치 사항
- 사고정보로 구출 방법 검토, 사용할 장비를 선정하고 필요한 장비가 있으면 추가로 적재, 출동 경로와 현장 진입로를 결정, 출동 경로는 현장에 도착하는 시간이 가장 적게 소요되는 경로를 선정, 필요시 진입로 확보 조치 요청

■ 출동 중 조치

○ 차고에서 벗어나 출동하는 도중에는 교통사고 방지에 주의
- 출동 중 지휘부와 계속 무선통신 유지(필요시 응원 요청)

○ 무선 정보 확인 사항
- 사고 발생 장소와 출동 지령 장소에 변경이 없는지 확인
- 추가 정보로 파악된 사고개요나 규모 등이 초기 판단했던 방법 등에 부합되는지 재확인
- 선착대(사고 현장에 최초로 도착한 소방대) 활동 내용과 사용 장비 등을 파악
- 관계기관 등에 연락 여부 등을 확인

○ 정보 재검토와 대응
- 출동 지령 이후 장소가 변경되거나 교통체증이 심하면 출동 경로나 진입로 등을 재검토해서 조기 현장 도착

제2장 구조 활동

- 출동 시 결정한 판단의 변경 또는 수정할 정보는 즉시 전 대원에게 전파
- 관계기관 또는 의료진 등이 대응하고 있으면 미리 대원에게 공지
- 신속하게 현장에 도착하기 어려우면 통신망으로 상부 보고(우회도로 파악)
- 선착대로부터 취득하는 정보는 가장 신뢰할 수 있는 최신 정보
- 후착대 현장 도착 예정 시간(ETA: Estimated Time of Arrival) 등을 선착대에 제공

■ 현장 도착 시 조치

○ 지휘자는 현장에 도착하면 사고 상황과 인명구조에 필요한 여건을 신속히 파악하고 구출 방법을 결정하고 지시

○ 차량 부서(위치) 선정
- 사고 발생 장소가 도로 또는 도로변이면 적색회전등 또는 비상정지등 기타 등화를 활용해서 주행하고 있는 일반차량에 주의 촉구
- 현장에 눈을 떼지 않고 안전운전에 주의
- 부서 위치는 가스폭발 또는 붕괴 등 2차 사고 영향을 받지 않는 장소
- 교통사고는 후속 차량이 연쇄 충돌할 수 있으므로 현장 출동 구조 차량은 원칙적으로 사고 차량의 뒤쪽에 부서(작업 대원 안전 확보)
- 구조 활동을 안전하고 원활하게 실시할 수 있는 작업공간 확보
- 구급대를 비롯하여 나중에 도착하는 특수차의 부서 위치 고려

○ 현장 홍보활동 실시
- 차량에 설치된 방송이나 마이크를 사용해서 구조대가 도착한 취지를 공지
- 사고와 관련된 관계자 호출, 위험하면 안전한 장소로 대피, 경계구역으로 설정된 범위 내에 필요한 관계자 이외 출입 통제

○ 장비 관리
- 현장 휴대 장비 종류와 수량을 정확히 파악, 출동 대원 전원이 차량으로부터 이탈하면 상황실로 보고, 기자재 보안 조치 실시

Extreme JOB, 응급구조사 1부(EBSDocumentary)
https://youtu.be/6hiLrSJTXEY?si=7M6iz_qhkTNkrSsO

Extreme JOB, 응급구조사 2부(EBSDocumentary)
https://youtu.be/NqnQuVrLyvo?si=qb_LsELoB9rrK4mc

2. 현장 파악[25]

■ 상황 확인

○ 작은 사고도 사고 현장과 주변을 철저히 수색하고 필요한 정보 파악
- 수색을 소홀히 하고 사고처리를 종료한 다음에 사상자가 발견되면 문제

[24] 중앙소방학교, 2017: 21-22

제**2**장 구조 활동

○ 사고 장소 확인

- 발생 장소 소재지, 건물 규모, 사고 발생 위치

- 사고 규모, 잠재 위험성과 진입시 장애 유무 확인

- 현장 진입 수단과 경로 확인

○ 요구조자 확인

- 요구조자(要救助者) 유무와 숫자, 위치, 부상 부위, 상태, 장애요인(형상, 재질, 구조, 중량 등)

○ 활동 중 장애와 2차 사고 위험 감지

- 감전, 유독가스, 낙하물, 붕괴, 추락 등 위험성 확인(2차 사고 요인 파악)

○ 관계자 등으로부터 정보 청취

- 사고 발생 시설물 소유자, 관리자, 거주자 등 관계자는 그 시설물의 관리현황이나 위험성, 거주자 정보를 가지고 있으므로 대상물 관계자를 찾아서 수집

3. 현장 보고[26]

■ 도착 시 보고

○ 구조대가 현장 도착 즉시 육안 관찰 사항과 관계자에게 들은 사항을

25 중앙소방학교, 2017: 23-24

보고하며 보고 내용의 신속한 전파가 가능하도록 무선을 활용
- 사고 발생 장소, 사고개요, 요구조자의 상태와 숫자, 확인된 부상자 수와 그 정도, 주위의 위험 상태, 응원대 필요성, 기타 구조 활동상 필요한 사항

○ 현장 보고(상황 또는 활동 보고)
- 사고 실태가 대략 판명된 시점 또는 현장 상황과 내용이 달라지면 보고
- 사고 발생 장소(도착시 보고에 변경이 있는 때), 사고 원인 등
- 요구조자 상태와 내용(무선 통신은 보안이 취약하므로 자세한 인적 사항은 개인정보 보호가 중요하므로 무선 통신하지 않기)
- 구조대, 관련 부서별 대응 상황과 구조 활동 수행 여부 확인
- 구조 완료된 곳, 진행된 곳, 작업이 불가능한 곳이 있으면 그 사유 보고
- 교통상황, 일반상황, 관계기관 대응, 주의 사항

■ 기타 주의 사항

○ 추측은 있는 그대로 상황과 확인된 내용을 중심으로 보고
- 사생활이나 사회적 파장이 예측되는 내용이 있으면 지휘관에게 보고
- 간결한 보고, 명확한 내용, 전문 용어에 설명 추가
- 무선 보고 시 혼선을 방지, 통신담당자 지정, 보고 내용 우선순위 확인

제2장 구조 활동

나. 구조 활동[27]

■ 구조 방법 결정과 순서

○ 가장 안전하고 신속한 방법, 긴급성에 맞는 방법, 현장 상황 특성을 고려한 방법, 실패 가능성이 가장 적은 방법, 재산 피해가 적은 방법

○ 구출 방법 결정 시 피할 요인은 일반인에게 피해가 예측되는 방법, 2차 사고의 발생이 예측되는 방법, 개인 추측에 따른 현장 판단, 전체를 파악하지 않고 부분만 확인해 결정한 방법

○ 구조 활동 순서
  - 현장 활동에 방해되는 각종 요인 제거, 2차 사고 발생위험 제거, 요구조자 구명에 필요한 조치, 요구조자 상태 악화 방지에 필요한 조치, 구출 활동 개시
  - 장애물 제거 유의 사항은 필요한 기자재 준비, 대원 안전 확보, 요구조자 생명·신체에 영향이 있는 장애를 우선 제거, 위험이 큰 장애부터 제거, 장애는 주위에서 중심부로 향해서 순차적으로 제거

---

26 중앙소방학교, 2017: 24-29

■ 임무부여

○ 대원 선정 유의 사항[27]
  - 대원에게 임무를 부여할 때는 각 대원의 경험, 능력, 성격, 체력 등을 종합적으로 고려, 중요 장비 조작은 숙달한 대원에게 부여, 위험이 따르는 작업은 책임감이 있고 확실하게 임무를 수행할 수 있다고 확신할 수 있는 대원 지정, 대원에게 자신감을 주면서 임무 부여

○ 현장에서 명령 시 유의 사항
  - 현장 명령은 구조대장이 결심한 내용을 대원에게 전달하여 목적을 달성하는 의사표시
  - 대원별 임무 분담은 현장을 확인하고 구출 방법 순서를 결정한 시점에서 대원별로 명확하게 지정
  - 명령 전달 시 모든 대원이 집합해서 현장 상황, 활동 방침(전술), 각자 임무와 유의 사항 전달한다.
  - 구출 작업 도중에 현장 상황이 달라져서 명령을 수정할 필요가 있으면 모든 대원에게 수정된 명령을 전달

■ 구조 장비 활용

○ 요구조자(要救助者) 상황과 구조 활동의 장애요인을 검토하고 사용할 수 있는 장비를 정확히 판단하고 적절히 활용

---
27 중앙소방학교, 2022

제2장 구조 활동

- 사용 목적에 맞게 선택, 현장 상황을 고려해 선택, 긴급상황에 맞게 선택, 급할 때는 가장 능력이 높은 것을 선택, 동등 효과면 조작이 간단한 것을 선택, 확실하게 효과를 기대할 수 있는 것을 선택, 위험이 적은 안전 장비를 선택
- 다른 기관이나 현장 관계자 등이 보유한 장비와 현장에서 조달이 가능한 장비가 있으면 활용을 적극 검토
- 장비는 숙달된 대원이 조작, 안전 작동 범위 내에서 조작, 무거운 장비를 설치할 때 안전을 고려하여 튼튼하게 고정하고 안전사고 유의
- 가동 범위 내 안전 상황, 반대편 상황, 오작동 위험성 유의, 장비가 작동될 때 반작용 주의, 필요에 따라 받침목을 활용하거나 로프로 고정
- 장비 작동에 따른 2차 사고 조심, 위험 구역에 담당자를 명확히 지정 배치

■ 요구조자 응급처치

○ 구조 활동 최우선 목적은 요구조자 생명이며 심각한 손상을 입었다면 구출 작업보다 먼저 하거나 병행해서 응급처치
  - 요구조자(要救助者)가 의식을 잃었으면 우선 기도 확보, 즉시 호흡과 맥박을 확인해서 심폐소생술 시행 여부 결정
  - 추락이나 교통사고 등 환자에게 물리적 충격이 있으면 경추 또는 요추 보호조치와 대량 출혈이 있는 환자는 지혈을 우선 시행

■ 응급 처치 내용

○ 응급 처치 유의 사항
- 사고 또는 재난 현장에서 구조대원은 환자 상태를 파악하고 응급 처치를 실시, 무엇보다 생명 보호와 증상 악화 방지
- 현장 응급 처치는 의식·호흡 및 순환 장애가 있으면 기도확보·인공호흡·심폐소생술, 외부 출혈은 지혈, 쇼크일 때는 쇼크 체위(신체적·심리적 안정유도), 골절은 부목사용 환부 고정
- 요구조자의 증상 악화 방지와 고통 경감 등에 적응한 체위 파악과 실시, 체온유지(담요, 방화복), 기타 요구조자에게 필요한 처치

○ 요구조자 안정 조치
- 요구조자(要救助者) 심리상태 등에 주의, 요구조자 안심 안정 필요
- 히스테리나 패닉에 빠지면 구출 작업 지연, 요구조자가 자신이 심각한 신체적 손상을 입은 상황을 알면 정신적 동요가 있으므로 언어·행동 주의
- 상처 부위에 구조 장비, 오염된 피복 등이 닿지 않도록 주의
- 유독가스 노출된 요구조자는 보조 호흡기 착용
- 구출 작업에 부상이 예상되면 모포 등으로 조치
- 작업이 장시간 소요되어 요구조자가 물이나 음식이 필요하면 반드시 전문가 자문, 의식이 없는 환자에게 절대 음식물 투여 금지, 복부 손상이나 대량 출혈이 있는 환자에게 음식물 제공 금지, 요구조자를 일반인이나 언론에 지나치게 노출되지 않도록 유의

제2장 구조 활동

■ 응원요청

○ 소방대 요청
- 구조대 요청은 사고개요, 요구조자 숫자, 필요한 구조대 수나 장비 등을 조기에 판단하고 요청자를 명시하여 요청
- 요청 판단기준으로 요구조자가 많거나 현장이 광범위해 추가 인원이 필요할 때, 특수차량 또는 특수장비 필요, 특수한 지식이나 기술 필요

○ 구급대 요청
- 구급대가 도착하면 구급대 지휘자가 판단해 요청할 사항이지만 구급대가 도착하지 않으면 사고개요, 부상 인원, 상태를 보고 필요한 구급차 수를 요청
- 필요한 구급차 대수는 구급대 1대에 중증 또는 심각 1인, 중증 2인, 경증 정원 내를 대략 기준으로 확보

○ 지휘대 요청
- 구조 출동은 일반적으로 관할 지휘대가 출동(가벼운 안전사고라면 지휘대가 출동하지 않을 수도 있음), 일반적으로 지휘대가 출동하는 기준은 사고양상이 2개 이상의 구조대 대처 필요, 다수 사상자 발생, 구급대 2대 이상 필요, 기타 관계기관과 연계 활동, 광범위 등으로 정보수집이 어려운 경우, 사고양상이 특이하고 고도의 판단이 필요할 때, 경계구역 설정, 소방 홍보에 필요할 때(사고의 특이성, 구조 활동 형태, 기타 특별한 홍보 상황), 소방대원·의용소방대원·일반인이나 관계자 등의 부상 사고 발생, 중대한 활동 장애나 고통

등이 있을 때, 사회적 영향이 있을 때

○ 전문의료진 요청[28]
- 전문의료진 지원 여부는 구급대가 도착한 때 구급대 지휘자 판단에 따르나 구급대 도착이 지연 등이 있을 때는 상급부서에 의료진 지원 요청
- 의료인이 전문 응급처치를 하는 경우는 요구조자(要救助者)의 이송 가부(可否) 판단이 어려울 때, 요구조자의 상태 그대로 이송하면 생명에 위험이 있을 때, 다수의 요구조자가 있을 때, 다량 출혈이나 가스중독 등이 있을 때, 요구조자가 병자, 노인, 유아 등 체력이 저하된 상태, 장시간이 걸리는 구축, 구조대원이 활동할 때 의학적 조언이 필요한 경우나 구조작업 중 부상 또는 약품 오염 등이 예상될 때

○ 관계기관과 연계
- 현장에서 관계자 또는 타 기관과 활동을 같이 하면 역할 분담, 순서, 방법 등을 충분히 협의하고 통제 아래 활동
- 교통 통제 등이 필요하면 경찰관 등에게 범위와 그 이유 등을 명시 요청
- 가스 누설로 대원, 요구조자, 일반인 안전 확보가 필요하면 가스 관계 업체에 조치 의뢰
- 급수 차단 등이 필요하면 수도 관계 업체에 의뢰
- 감전 위험이 있으면 전력회사에 전원 차단 의뢰
- 현장에 의사가 있으면 요구조자 부상 정도, 증상 등 의학적 판단이나 구조활동 조언 부탁

---
28 채진·임동균, 2021

제2장 구조 활동

한국 긴급구호대 구호 활동 돌입…생존자 연이어 구조
(KBS 2023.02.09)
https://youtu.be/9lKXGmZAkCU?si=pUMKJa4kq4Z0L9lG

5. 현장 통제[30]

■ 군중 통제구역 설정

○ 구조 작업과 관련 없는 사람은 현장에서 통제
- 구경하는 사람의 현장 출입을 통제하면 구조대원이 방해받지 않고 활동

○ 관계자 등 배려
- 구조 현장에 있는 사람은 격한 감정인 경우가 많고 사망자 유가족은 더욱 그렇기에 구조대원은 심정을 헤아려 응대, 사고 현장 가까이 접근을 통제해야 하지만 구조 활동과 안전사고 방지에 불가피하다는 점을 안내
- 가능하다면 위로하고 구조 활동 상황을 설명할 수 있도록 직원 배치
- 구조 작업 결과는 대원이 자유롭게 이야기할 수 있도록 가족이 없는 곳에서 진행하고 전담 요원이 그 결과만을 설명
- 일몰이나 기상악화 등으로 구조 작업을 중단하면 가족에게 언제부터 구조 작업이 재개된다고 명확하게 알려줄 필요
- 구조 작업을 재개할 때 예정된 시간보다 조금 빨리 시작해야 가족 위로

---
29 채진·임동균, 2021: 49-51

- 대부분 수색 2일째부터 가족의 심리가 격앙되므로 구조대원도 심신이 매우 피로한 상황에서 구조대원과 개별 접촉은 충돌을 일으킬 수 있으므로 유의

○ 이해관계자 설득
- 구조 활동은 우선 요구조자의 안전한 구명에 중점, 사고 현장에 있는 관계자의 감정을 고려
- 요구조자(要救助者) 부모·형제·친척은 무엇보다 신속한 구출을 기대하기에 구출 과정을 적절하게 설명해서 오해의 소지가 없도록 주의, 건물주나 시설물 관계자 등 관계인은 재산 보호에 관심을 기울이므로 긴급한 상황이 아니면 재산상 손실을 최소화
- 구출 활동 때문에 재산 가치가 높은 물건을 파괴해야 하는 경우는 소유자 또는 관계인에게 취지를 설명하고 승낙 얻기(소방기본법에 강제처분 규정이 있으나 이는 현장 상황이 급박해서 관계자 승낙을 얻을 수 없는 불가피한 상황에 한정)
- 요구조자 과거 질병, 건강, 기타 정신·신체상의 특이한 이상을 파악해서 조치

■ 요구조자와 효과적 의사전달

○ 요구조자(要救助者)와 대화할 때 구조대원의 시선은 요구조자를 향함
- 가능한 요구조자와 눈높이를 맞추면 좋으나 눈썹 부위에서 턱 사이를 보면 무난하며 대화 시에는 전문용어를 피하고 상대방이 이해할 수 있는 표현 사용

제2장 구조 활동

- 요구조자의 이름을 부르고 자신의 부상 정도나 사고 상황을 물으면 사실대로 말해주어야 하나 요구조자가 충격을 받을 수 있는 표현은 금지

■ 특수한 상황 배려

○ 요구조자가 고령이거나 어린이
- 현장 상황에 심한 불안을 느끼고 구조대원의 지시에 따르지 않을 수가 있으므로 현장이 위험하지 않으면 보호자 옆에 있도록 하고 안심시키고 구조작업 진행
- 청각 장애인 구조는 평소 수어를 알면 좋으나 요구조자가 크게 다치지 않았다면 필기도구를 준비해서 필담을 주고받을 수 있으며 요구조자 앞에서 이름을 부르거나 팔이나 어깨 등을 가볍게 건드리거나 책상이나 벽을 두드리는 방법
- 일부 청각장애인은 입 모양을 보고 대화할 수도 있으므로 또박또박 말하면 이해 가능
- 시각장애인은 일반인보다 청각과 촉각이 매우 발달, 큰 소리를 내지 않도록 하고 상황을 차분하게 설명하고 구조대원이 팔을 붙잡거나 어깨에 손을 올리는 등 신체 접촉하면 요구조자 안심

○ 장애인 보조견
- 장애인 보조견은 요구조자의 눈이나 귀를 대신하며 출입이 금지된 공공장소에도 동행할 수 있으므로 상황에 따라 요구조자와 동행
- 시각장애인 안내견은 덩치가 크지만 물거나 짖지 않으므로 안심, 주인에

게 양해를 구하지 않고 함부로 만지면 안 되며 안내견에게 먹이를 주는 행위도 금지

○ 가족·관계기관 연락
- 보호자가 없는 요구조자 구조는 가족이나 관계자를 파악해서 구조 경위, 요구조자 상태 등을 안내, 그 연락처를 알 수 없을 때는 요구조자가 발생한 지역 지방자치단체장(시장·군수·구청장 등)에게 그 사실을 통보, 요구조자가 의식이 없고 인적 사항을 파악할 수 있는 자료가 없으면 관할 경찰관서에 신원확인을 의뢰

■ 구조요청 거절

○ 구조대원은 긴급한 상황이 아니라고 판단하면 구조요청을 거절 가능
- 구조요청 거절이나 긴급하지 않더라도 무조건 거절은 아니며 다른 조치가 어려우면 적절하게 조치(거절 범위를 최소화)
- 단순히 잠긴 문의 개방을 요청에서 실내에 갇힌 사람이 있거나 전기 가스기구를 켜놓은 경우는 안전조치, 시설물 파손이나 낙하 피해가 예상되면 조치, 요구조자가 구조대원에게 폭력을 행사하는 등 방해하면 구조 활동을 거절할 수 있지만 요구조자가 위급하면 구조
- 구조요청을 거절할 수 있는 범위는 단순 잠긴 문 개방의 요청, 시설물 단순 안전조치, 장애물 단순 제거 요청, 동물 단순 처리·포획·구조, 주민 생활 불편 해소 차원의 단순 민원

> 제2장 구조 활동

■ 구조 거절 확인서[30]

○ 구조요청을 거절하면 자칫 책임 회피나 구조 활동에 성의가 없다고 인식될 수도 있으므로 구조를 요청한 주민에게 현장 상황, 구조대 활동 범위, 다른 중요한 상황 대비 등을 충분히 설명
  - 구조요청을 거절하면 구조요청자나 목격자에게 알리고 '구조 거절 확인서'를 작성해서 소속 소방관서장에게 보고, 소속 소방관서 3년간 보관, 이 확인서는 소송 등 분쟁 발생 근거자료로 활용될 수 있으므로 자세하게 기록

■ 구조 활동 상황 기록

○ 구조 활동 평가 분석은 업무능력 향상뿐만 아니라 개선 자료로 활용
  - 민원 제기, 구조증명서 발급 등에 대비해 구조대원은 '구조 활동일지'에 구조 활동 상황을 상세히 기록, 소속 소방관서에 3년간 보관, 구조차에 이동단말기가 설치되어 있으면 이동단말기로 구조 활동일지 작성
  - 구조대원은 근무 중 위험물·유독물 및 방사성 물질에 노출되거나 감염성 질병에 걸린 요구조자와 접촉하면 그 사실을 안 때부터 48시간 이내에 소방청장 등에게 보고(접촉 보고서 작성 보고, 관련된 모든 문서는 구조대원이 퇴직할 때까지 소방공무원 인사 기록에 함께 보관)

중앙119구조본부
https://www.youtube.com/@nrhq1199/videos

---
30 국가법령정보센터, 2023

제3장
구조 장비

1. 장비 사용 원칙[32]

■ 반드시 장비 제작 회사에서 제공하는 사용 설명서 숙지

○ 일반적으로 기록을 소홀히 하는데 장비 구입, 사용, 정비 과정을 꼼꼼히 기록하면 장비 노후, 취급, 정비 불량 사고를 방지
  - 구조대원 안전에 필요한 보호장구 착용
  - 안전사고로부터 대원을 보호하면 결과적으로 신속하고 원활한 작업 가능

○ 작업 전 준비
  - 헬멧, 안전화, 보안경 등 보호 장비 착용
  - 옷깃이나 벨트 등이 기계 동작 부분에 말려 들어갈 수 있으므로 주의
  - 체인톱 등 고속 회전 부분이 있는 장비는 실밥이 말려 들어갈 수 있으므로 면장갑은 착용하지 않음

---
31 중앙소방학교, 2017: 44-47

제3장 구조 장비

- 고압 전류를 사용하는 전동 장비나 고온이 발생하는 용접기는 반드시 규정된 보호 장갑 착용
- 반지, 시계, 목걸이 등 장신구는 작업 중 착용 금지
- 분진이나 작은 파편이 발생하는 작업 시에 보호 안경 착용(헬멧 보호 렌즈만으로는 보호되지 않음)

○ 모든 장비는 사용 전 이상 유무 점검
   - 장비 자체 이상 유무, 연료 주입 여부, 윤활유 상태, 전선 피복 상태, 접지 여부

○ 엔진 동력 장비는 엔진오일 점검[32]
   - 4행정 기관(유압펌프, 이동식 펌프)은 엔진오일을 별도로 주입하므로 양이 적거나 변질되지 않았는지 수시로 점검
   - 2행정 기관(동력절단기, 체인톱, 발전기)은 엔진오일과 연료를 혼합해 주입하므로 반드시 2행정 기관 전용의 엔진오일을 사용(정확한 혼합 비율 지키기), 오일 혼합량이 너무 많으면 시동이 잘 걸리지 않고 매연이 심한데 반면 양이 적으면 엔진에 손상을 주어 기기 수명 단축
   - 충분한 작업공간을 확보하고 화재, 감전, 붕괴 등 요인 제거
   - 장비는 견고한 바닥에 설치하고 확실히 고정
   - 보조요원을 확보, 우발 상황 대처, 작업반경 내 장비 조작에 관여하지 않는 대원과 일반인 접근 통제
   - 톱날을 비롯해 각종 날은 항상 잘 연마, 날이 무디면 안전사고 발생 가능

---
[32] 채진·임동균, 2021

○ 수공구 사용 시 주의 사항
- 만약 조임 부분이 노후되어 헐거워지거나 파손된 부분이 있으면 즉시 교체
- 때때로 스패너나 렌치에 파이프를 끼워서 길이를 길게 만들어 사용하기도 하는데 공구의 설계 능력을 넘어서기에 파손 초래 또는 장비 고장 유발

■ 동력 장비 사용 시 주의 사항

○ 공기 중 인화성 가스 또는 액체가 근처에 있으면 동력 장비 사용 금지

○ 지하실이나 맨홀 등 환기가 불충분한 장소에서 장시간 작업 금지
- 배기가스 질식 위험이 있으므로 엔진장비를 활용하지 않기
- 엔진장비에 연료를 보충 시 반드시 시동을 끄고 엔진이 냉각된 다음 주유
- 장비 이동 시 작동 중지, 엔진장비는 시동 끄고 전동 장비는 플러그를 뽑기
- 전동 장비는 반드시 접지되는 3극 플러그 이용, 접지단자를 제거하면 감전 사고 위험, 장비를 무리하게 쓰지 말고 이상이 발견되면 즉시 작동 중지 후 점검
- 작업종료 후 장비 이상 유무 재확인

제3장 구조 장비

2. 일반 구조 장비[34]

■ 로프 총(Line Throwing Gun)

○ 고층 건물, 해상, 계곡 등 구조대원 접근이 불가능한 상황에서 로프 또는 메시지 전달 수단으로 사용할 수 있는 장비
  – 압축공기를 이용한 공압식과 추진탄을 이용한 화약식으로 구분

로프 총
https://www.google.com/search?q=Line+Throwing+Gun&tbm=isch&ved=2ahUKEwjcnrrh6a6DAxX-qlYBHSQOCo8Q2-cCegQIABAA&oq=Line+Throwing+Gun&gs_lcp=CgNpbWcQAzoHCAAQgAQQE1D6A1j6A2CYCWgAcAB4AIABwwGIAagCkgEDMC4ymAEAoAEBqgELZ3dzLXdpei1pbWfAAQE&sclient=img&ei=Sa6LZZzWNP7V2roPpJyo-Ag&bih=963&biw=1920

■ 마취 총(Tranquilizer gun)

○ 주택가에 멧돼지 등 위협 야생동물이 나타나면 장거리에서 마취하는데 사용

마취 총
https://www.google.com/search?q=Tranquilizer+gun&sca_esv=593908511&tbm=isch&source=lnms&sa=X&ved=2ahUKEwiGn9Hg6a6DAxUDp1YBHS7WDzsQ_AUoAnoECAIQBA&biw=1920&bih=963&dpr=1

---
33 중앙소방학교, 2017: 43-91 ; 채진·임동균, 2021: 61-117

■ 로프(Rope)

○ 로프는 가장 기본 구조 도구로 구조대원 진입, 탈출, 요구조자 구출, 각종 장비를 올리거나 고정하는 등 쓰임새가 많고 활용도가 높음
  - 로프 재질은 과거 마닐라삼, 면 등의 천연재료를 사용했으나 합성섬유, 폴리에스터, 나일론, 케블라 등 여러 재료를 혼합
  - 1950년대 유럽에서 꼬는 방식이 아닌 짜는 방식의 로프가 개발되면서 등산이나 구조 활동 사용 로프는 대부분 내외피의 이중 구조, 구조대에서 사용하는 대부분 로프는 외피 안에 섬유를 꼬아서 만든 여러 가닥의 심지가 들어 있는 로프
  - 용도에 따라 8mm~13mm의 지름을 많이 사용, 구조대에서 사용하는 로프는 지름 10.5mm~12mm 내외
  - 로프 성능은 인장력(물체를 늘어뜨리거나 잡아당기는 작용)과 충격력으로 표시
  - 추락사고에서 추락하는 동안 발생하는 운동량과 같은 양의 충격량이 있는데 로프가 팽팽해지면서 늘어나는 동안 몸에 가해지는 시간이 길어지므로 충격력은 줄어서 몸을 보호, 로프 충격력은 추락 물체가 정지하는데 필요한 힘(충격이 작을수록 안전)
  - 구조 활동에서 로프에 대원 1인이 매달릴 때 대원의 몸무게와 흔들림에 따른 충격력을 고려하면 130kg 정도 하중, 두 명의 대원이 활동하면 260kg 정도로 산악용 11mm 로프는 대부분 3,000kg 내외의 인장강도
  - 구조 활동에서 사용하는 로프는 신축성에 따라 동적 로프(Dynamic rope)와 정적 로프(Static rope)로 구분
  - 정적 로프는 신장율 5% 미만 정도로 하중을 받아도 잘 늘어나지 않으며

제3장 구조 장비

내구성이 강하고 파괴력에 견디는 힘이 높으나 유연성이 낮아 조작이 불편하고 추락 하중이 그대로 전달되는 단점
- 동적 로프는 신장률 7% 이상 정도로 신축성이 높아 충격을 흡수하기 유리하므로 자유낙하가 발생할 수 있는 암벽등반에 적합, 일반 구조 활동 정적 로프나 세미 스태틱 로프(Semi-static Rope)가 적합, 산악 구조 활동과 장비 고정에 동적 로프 적합
- 동적 로프는 부드러우면서 색이 화려하며, 정적 로프는 뻣뻣하며 검정이나 흰색, 노란색 등 단일 색상

이게 다 된다고? 첫 대회에서 제대로 찢었다. 제1회 ONE TEAM 로프구조경연대회 현장을 가다!(소방청TV)
https://youtu.be/ljaxAqBZVqI?si=UVXrsUHgLOH3qc7-

■ 로프 관리

○ 로프는 항상 사용할 수 있도록 관리
- 그늘지고 통풍이 잘되는 곳에 보관, 너무 단단히 묶어두지 않도록 보관
- 부피를 줄이려고 좁은 상자나 자루에 오래 방치하지 않기
- 열, 화학약품, 유류 등 로프를 손상 요인과 접촉 금물, 대부분 로프는 석유화학제품이므로 화학약품, 연료유, 엔진오일에 부식·용해
- 로프를 밟거나 깔고 앉지 않도록 한다. 로프 외형이 급속히 마모되고 무게를 지탱하는 능력 감소
- 로프를 설치할 때 건물이나 장비의 모서리에 직접 닿지 않게 하며 보호대, 천, 종이상자 등을 덮어서 마찰로부터 로프를 보호

- 대부분 로프는 장시간 햇볕(자외선)을 받으면 색이 변하고 강도가 저하, 잘 포장해서 어둡고 서늘한 곳에 보관한 로프는 손상되지 않으나 새것을 장시간 옥외에 방치하면 강도가 많이 감소
- 정기적으로 로프 세척, 로프 섬유 사이에 끼는 먼지나 모래는 상하게 하고 카라비너 하강기 등 관련 장비의 마모를 촉진
- 세척은 미지근한 물에 중성 세제를 풀어 로프를 충분히 적시고 흔들어 모래나 먼지가 빠져나오도록 하며 부드러운 솔로 가볍게 문질러 주기, 물이 어느 정도 빠지면 그늘지고 통풍이 잘되는 곳에 건조(세탁기는 세탁 과정에서 로프가 꼬이고 마찰이 생겨서 사용하지 않기)
- 끊어지지 않는 로프는 없으므로 사용할 때 세심한 주의를 기울여 관리하고 사용 중에도 주의(사용하면서도 계속 점검)
- 일반적으로 로프 사용 후 사리는(정리하는) 과정에서 로프 외형 확인, 일일이 손으로 만져보며 얼룩, 눌림, 보풀, 변색, 마모 정도 등도 유의해서 점검
- 조금이라도 손상이 있으면 로프는 폐기
- 직경 9mm 이하 로프 사용 시에 반드시 2줄로 설치 안전 확보
- 로프 설치 전 세심하게 살펴보고 조금이라도 손상이 있으면 사용 금지

■ 슬링(Sling)

○ 평평한 띠처럼 생긴 일종의 로프로 유연성이 높고 다루기 쉬워 신체에 고정하면 접촉 면적이 넓어 안정감 있게 사용
  - 슬링은 보통 20~25㎜ 내외 폭으로 제조, 형태에 따라 판형 슬링(Tape Sling)과 관형 슬링(Tube Sling)으로 구분, 상대적으로 값이 저렴해서 짧게

제3장 구조 장비

잘라서 고정용 또는 안전띠 대용 등으로 다양하게 활용
- 슬링은 같은 굵기 로프보다 강도는 우수하나 충격을 받았을 때 잘 늘어나지 않기 때문에 슬링을 등반 또는 하강 시 로프 대용으로 사용하면 매우 위험

슬링
https://www.google.com/search?q=sling+belt&tbm=isch&hl=ko&sa=X&ved=2ahUKEwjkisbN6q6DAxVaEXAKHXcjDlQQrNwCKAB6BQgBEIQB&biw=1903&bih=946

■ 안전벨트

○ 거의 모든 구조 활동에서 안전을 지켜주는 필수장비
- 형태와 용도에 따라 상단용, 하단용, 허리용, 상·하단용(X 벨트) 등이 있지만 국제산악연맹은 상·하단 벨트만 인정
- 상·하단 벨트가 착용이 번거로우나 추락 시 충격을 몸 전체로 분산
- 안전벨트는 우선 몸에 잘 맞는 것을 선택
- 안전벨트는 정확한 사용법을 따르며 대부분 허리 버클은 한 번 통과시킨 다음에 다시 거꾸로 통과시켜야 안전(끝을 5cm 이상 남기기), 버클을 한 번만 통과시켜도 튼튼할 것 같으나 강한 충격을 받으면 쉽게 빠질 수 있음
- 안전벨트는 우수한 탄력과 복원성, 강도와 내구성이 뛰어나지만 5년 정도 사용하면 외관상 이상이 없어도 교체(추락 충격을 받은 다음에 폐기)

안전벨트
https://www.google.com/search?q=safety+belt&tbm=isch&ved=2ahUKEwjXxpPg6q6DAxW5Q_UHHYDRB8gQ2-cCegQIABAA&oq=safety+belt&gs_lcp=CgNpbWcQAzIFCAAQgAQyBggAEAcQHjIGCAAQBxAeMgYIABAHEB4yBggAEAcQHjIGCAAQBxAeMgYIABAHEB4yBggAEAcQHjIGCAAQBxAeMgYIABAHEB46BggAEAgQHlCWBViWBWCkDWgAcAB4AIABrAGIAakCkgEDMC4ymAEAoAEBqgELZ3dzLXdpcGeilpbWfAAQE&sclient=img&ei=U6-LZZfRIrmH1e8PgKOfwAw&bih=946&biw=1903&hl=ko

■ 8자 하강기(Rescue 8 Clamp)

○ 로프 이용 하강할 때 사용
- 작고 가벼우면서도 견고하고 사용 간편, 전형적인 하강기는 8자 형태나 '구조용하강기(Big 8)'나 튜브형 하강기도 많이 사용, 구조용 하강기는 일반적인 8자 하강기보다 제동이나 고정이 쉬움

8자 하강기
https://www.google.com/search?q=rescue+8+Clamp&tbm=isch&ved=2ahUKEwiRqM-p666DAxXNtlYBHWG5DRgQ2-cCegQIABAA&oq=rescue+8+Clamp&gs_lcp=CgNpbWcQAzoHCAAQgAQQEzoICAAQBxAeEBM6CAgAEAgQHhATOggIABAIEAcQHlDNCFjOMmC6M2gFcAB4AIABc4gBhgySAQQ0LjExmAEAoAEBqgELZ3dzLXdpcGeilpbWfAAQE&sclient=img&ei=7a-LZdH9Js3t2roP4fK2wAE&bih=946&biw=1903&hl=ko

> 제3장 구조 장비

■ 그리그리(GriGri)

○ 스토퍼와 같이 로프 역회전을 방지할 수 있는 구조로 주로 확보용 장비
   - 주로 암벽 등에서 확보(belay)하는 장비, 짧은 거리를 하강할 때 이용
   - 각종 하강기를 사용할 때는 본인의 몸을 견고히 고정해서 추락에 대비
   - 로프의 끝부분이 기구에서 빠지지 않도록 매듭 처리

그리그리
https://www.google.com/search?q=GriGri&tbm=isch&ved=2ahUKEwiV_bm-666DAxW0h1YBHSq_BcAQ2-cCegQIABAA&oq=GriGri&gs_lcp=CgNpbWcQAzIFCAAQgAQyBAgAEB4yBAgAEB4yBAgAEB4yBAgAEB4yBAgAEB4yBAgAEB4yBAgAEB4yBAgAEB4yBAgAEB5QygVYygVg4AhoAHAAeACAAXCIAdMBkgEDMS4xmAEAoAEBqgELZ3dzLXdpei1pbWfAAQE&sclient=img&ei=GbCLZdWMFLSP2roPqv6WgAw&bih=946&biw=1903&hl=ko

■ 스톱하강기(stopper belay)

○ 로프 한 가닥을 이용해서 제동을 걸어주는 장비
   - 하강 속도 조절 용이, 우발적 급강하 사고 방지, 최근 구조대에서 사용 증가
   - 스톱퍼 한 면을 열어 로프를 삽입하고 아래쪽은 안전벨트의 카라비너에 연결

스톱 하강기
https://www.google.com/search?q=stopper+belay&tbm=isch&ved=2ahUKEwiQ96XZ666DAxW3gFYBHXIQCXMQ2-cCegQIABAA&oq=stopper+belay&gs_lcp=CgNpbWcQAzoHCAAQgAQQEzoICAAQBxAeEBM6CAgAEAUQHhATOggIABAIEB4QEzoGCAAQHhATOgUIABCABADoECAAQHjoGCAAQCBAeOgYIABAFEB5QrANYIydg8S1oAHAAeACAAXCIAd0JkgEEMi4xMJgBAKABAaoBC2d3cy13aXotaW1nwAEB&sclient=img&ei=UbCLZdCKJreB2roP8qCkmAc&bih=946&biw=1903&hl=ko

■ 카라비너(Carabiner)

○ 각종 기구, 로프, 기구와 기구를 연결할 때 사용
  - D형과 O형의 두 가지 형태, 재질은 알루미늄 합금이나 스테인리스 스틸
  - 강도는 제품별 몸체에 표시, 구조 활동 시에는 잠금장치가 있는 카라비너를 사용, 잠금장치가 없는 카라비너를 사용하면 더욱 주의

카라비너
https://www.google.com/search?q=Carabiner&tbm=isch&ved=2ahUKEwijnoTi666DAxXk0DQHHUhhAeAQ2-cCegQIABAA&oq=Carabiner&gs_lcp=CgNpbWcQAzIFCAAQgAQyBQgAEIAEMgUIABCABDIFCAAQgAQyBAgAEB4yBAgAEB4yBAgAEB4yBAgAEB4yBAgAEB4yBAgAEB5Q0lRY0lRgjlhoAHAAeACAAXWIAcsCkgEDMC4zmAEAoAEBqgELZ3dzLXdpcei1pbWfAAQE&sclient=img&ei=Y7CLZePgOeSh0-kPyMKFgA4&bih=946&biw=1903&hl=ko

제3장 구조 장비

■ 등강기(Ascension Clamp, Jumar)

○ 등강기는 로프 활용 등반 시에 보조 장치
- 로프에 결착해 수직 또는 수평으로 이동할 수 있는 장비, 톱니가 있는 캠이 로프를 물고 역회전을 못하도록 하기에 한 방향으로만 이동
- 등반뿐만 아니라 로프를 이용해 물건을 당기는 경우 손잡이 역할
- 손잡이 부분을 제거해 소형화하고 간편히 사용할 수 있도록 변형된 크롤(Croll), 베이직(Basic) 유사 장비도 존재

등강기
https://www.google.com/search?q=Ascension+Clamp&tbm=isch&ved=2ahUKEwi4rNnt666DAxXOhVYBHWoECw8Q2-cCegQIABAA&oq=Ascension+Clamp&gs_lcp=CgNpbWcQAzoFCAAQgAQ6BAgAEB46BggAEAcQHlC0A1i0A2DUB2gAcAB4AIABcogB1gGSAQMwLjKYAQCgAQGqAQtnd3Mtd216LWltZ8ABAQ&sclient=img&ei=fLCLZbjGM6L2roP6oiseA&bih=946&biw=1903&hl=ko

■ 도르래(Pulley)

○ 도르래 사용
- 계곡이나 하천이 범람해서 고립된 요구조자, 맨홀에 추락한 요구조자를 구출할 때 사용, 도르래 사용 시에 지지점(支持点)으로 설정되는 부분의 강도를 고려해서 하중을 이길 수 있는지 살펴보고 힘의 균형이 맞도록 설치
- 고정도르래는 힘의 방향만을 바꾸어 주지만 움직도르래를 함께 설치하면 힘의 이득을 얻을 수 있음(고정도르래 1개와 움직도르래 1개를 설치하면 소

요되는 힘은 1/2로 줄어들고 움직도르래의 숫자가 증가함에 따라 더욱 작은 힘으로 물체 이동)

- Z자형 도르래 배치법은 현장에서 많이 활용하는 방법

■ 특수 도르래

○ 로프 꼬임 방지기(SWIVEL)
  - 로프로 물체를 인양하거나 하강할 때 로프가 꼬여 장비나 요구조자 회전을 방지하는 장비

로프 꼬임 방지기
https://www.google.com/search?q=SWIVEL&tbm=isch&ved=2ahUKEwiLsJKF7K6DAxWtpVYBHeKXB68Q2-cCegQIABAA&oq=SWIVEL&gs_lcp=CgNpbWcQAzIFCAAQgAQyBQgAEIAEMgUIABCABDIFCAAQgAQyBQgAEIAEMgUIABCABDIFCAAQgAQyBQgAEIAEMgUIABCABDIFCAAQgARQsQhYsQhgtAoAHAAeACAAXCIAcwBkgEDMS4xmAEAoAEBqgELZ3dzLXdpcGei1pbWfAAQE&sclient=img&ei=rbCLZculI63L2roP4q-e-Ao&bih=946&biw=1903&hl=ko

○ 수평 2단 도르래(TANDEM Pulley)
  - 도르래 하나에 걸리는 하중을 2개의 도르래로 분산, 외줄 선상 로프나 케이블에서 수평 이동할 때 편리, 다른 도르래를 적절히 추가해서 쉽게 중량물 이동
  - 로프 굵기와 홈의 크기가 맞아야 안전하게 사용

제3장 구조 장비

수평 2단 도르래
https://www.google.com/search?q=TANDEM+Pulley&tbm=isch&ved=2ahUKEwjD17KW7K6DAxWH1TQHHY4IBpoQ2-cCegQIABAA&oq=TANDEM+Pulley&gs_lcp=CgNpbWcQAzIHCAAQgAQQEzIICAAQCBAeEBMyCAgAEAgQHhATMggIABAFEB4QEzIICAAQBRAeEBMyCAgAEAgQHhATOgUIABCABFBOWNMCYKkFaABwAHgAgAgAF2iAHRApIBAzAuM5gBAKABAaoBC2d3cy13aXotaW1nwAEB&sclient=img&ei=0bCLZYPrLYer0-kPjpGY0Ak&bih=946&biw=1903&hl=ko

○ 정지형 도르래(WALL HAULER)
  - 도르래와 등강기를 결합한 형태로 도르래의 역회전을 방지

정지형 도르래
https://www.google.com/search?q=WALL+HAULER&tbm=isch&ved=2ahUKEwi1uuWa7K6DAxXxm1YBHRqnA68Q2-cCegQIABAA&oq=WALL+HAULER&gs_lcp=CgNpbWcQAzIHCAAQgAQQEzoICAAQCBAeEBM6CAgAEAcQHhATUN4EWN4EYM4GaABwAHgAgAFpiAHPAZIBAzAuMpgBAKABAaoBC2d3cy13aXotaW1nwAEB&sclient=img&ei=2rCLZbXlO_G32roPms6O-Ao&bih=946&biw=1903&hl=ko

3. 측정 장비[35]

■ 방사선 계측기

○ 방사선에 인체가 노출(피폭)되면 세포가 변형 또는 손상될 수 있으므

---
34 중앙소방학교, 2017: 43-91; 채진·임동균, 2021: 61-117

53

로 방사선 환경에서 방사선 종류, 양, 세기 등은 정확하게 측정
- 측정 관리하는 주요 대상 방사선은 하전입자(α선, β선), 전자기파(γ선, X선), 중성자지만 방사선을 직접 측정(검출)해서 식별할 수 있는 계측기(검출기)는 없음
- 측정 방법으로 계측기에 걸린 전기장과 방사선의 작용으로 발생하는 전류를 측정하는 간접 방법

○ 개인 선량계(Personal dosimeter)
- 필름의 흑화도로 피폭선량을 측정하는 필름 뱃지
- 방사선을 받은 물질에 일정한 열을 가하여 물질 밖으로 나오는 빛의 양으로 피폭선량을 측정하는 열형광선량계(TLD: Thermoluminescence Dosimeter)
- 방사선이 공기를 이온화시키는 원리를 이용해서 이온화된 전하량과 비례해 눈금선이 이동되도록 하는 포켓 선량계
- 전하량을 별도 기구로 측정해서 피폭된 방사선량을 알 수 있는 포켓 이온함, 포켓 알람 미터, 전자 개인 선량계 등

[원.픽.템 언박싱] 방사선측정기 사용 시 주의사항(원자력안전위원회)
https://youtu.be/_BGeLPv4fxM?si=LDkkbwplT0W4WUEZ

제3장 구조 장비

■ 방사선 측정기(Radioscope)

○ 개인 휴대 실시간 방사선율과 선량 등을 측정
- 기준선량(율) 초과 시 경보가 울려서 구조대원 안전 확보(연 1회 이상 교정)

[원.픽.템 언박싱] 휴대용 방사선량률 측정기(원자력안전위원회)
https://youtu.be/2IbPt_iUJIQ?si=fUSEiMGJrp-xBoFe

■ 핵종 분석기(Radionuclide Analyzer)

○ 개인 휴대 실시간 방사선량 측정과 핵종을 분석하는 장비
- 감마선 스펙트럼 분석, 감마 방사성 핵종 파악
- 다른 휴대용 장비보다 무게와 부피가 크므로 항시 휴대는 제한

[원.픽.템 언박싱] 휴대용 핵종분석기(원자력안전위원회)
https://youtu.be/b5waeku9PVE?si=3TB0Bclyw0wa0mUG

■ 방사성 오염감지기(Radiation Contamination Monitor)

○ 방사능 오염이 예상되는 보행자 또는 차량 탐지
- 측정하고자 하는 물체나 인원에 대한 방사성 오염 여부 판단용

55

■ 잔류 전류 검지기(Electric Current Detector)

○ 화재 또는 각종 재난 현장에서 누전 부분을 찾아 전원 차단 등 안전 조치 측정

나. 절단 장비[36]

■ 동력절단기(Power Cutter)

○ 소형엔진을 동력으로 원형 절단 날(디스크)을 회전시켜 철, 콘크리트, 목재 등을 절단하는 기동성이 높은 장비
  - 대부분 2행정 기관으로 엔진오일과 연료를 혼합 주입

■ 체인톱(Chain Saw)

○ 체인톱은 동력 구동 톱날로 목재를 절단하는 장비
  - 엔진식과 전동식이 있으나 구조 장비로 엔진식 많이 보급
  - 체인톱은 작동 중은 물론이고 일상점검 중 안전사고 위험성이 높으므로 주의

---
35 중앙소방학교, 2017: 43-91; 채진·임동균, 2021: 61-117

○ 킥백(kick back) 유의
- 킥백은 장비가 갑자기 작업자 방향으로 튀어 오르는 현상, 주로 톱날의 상단이 딱딱한 물체에 닿을 때 발생

■ 공기톱(Pneumatic Saw)

○ 압축공기를 동력원으로 절단 톱날을 작동시켜 철재, 스테인리스, 비철금속 절단
- 공기호흡기 실린더를 이용해 압축공기를 공급하므로 별도 동력이 필요하지 않으므로 수중이나 위험물질 누출 장소 안전 사용

■ 유압절단기(Hydraulic Cutter)

○ 엔진 펌프에서 발생시킨 유압으로 물체 절단 장비
- 중간 모델의 중량은 13kg, 절단력 35t 내외

5. 중량물 작업 장비[37]

■ 맨홀 구조 기구

○ 깊고 좁은 곳에 추락한 요구조자를 구조할 때 수직으로 로프를 내리

---
36 중앙소방학교, 2017: 43-91; 채진·임동균, 2021: 61-117

고 올리는 형태
- 고층이나 절벽에서 응용 활용

■ 에어백(Lifting Air Bag)

○ 무거운 물체를 들어 올리고자 할 때 공간이 협소해서 잭(jack)이나 유압 구조기구 등을 넣을 수 없는 경우 압축공기로 부풀려 중량물을 들어 올리는 장비
- 고압 에어백은 파열 마모에 매우 강한 재료로 제작
- 표면은 미끄럼방지, 내열성이 좋아 80℃에서 단시간 사용
- 에어백은 둥글게 부풀어 오르므로 들어 올리고자 하는 물체가 넘어질 수 있으므로 버팀목 사용, 버팀목은 나무가 적합하며 여러 개를 쌓아가며 높이 조절

■ 유압 엔진 펌프(Hydraulic Pump)

○ 엔진을 이용해 유압 전개기, 절단기 등 장비에 필요한 압력을 일으키는 펌프

■ 유압 전개기(Hydraulic Spreader)

○ 유압 엔진 펌프에서 발생한 유압을 활용해 물체의 틈을 벌리거나 압착

> 제3장 구조 장비

- 차량 사고에서 유압절단기와 함께 매우 활용도가 높은 장비

■ 유압 절단기(Hydraulic Cutter)

○ 엔진 펌프 유압을 활용해 물체를 절단하는 장비

■ 유압 램(Extension Ram)

○ 일직선으로 늘어나서 물체 간격을 벌려 넓히거나 중량물을 지지 사용
  - 사용할 때 램이나 대상물이 미끄러지거나 튕기지 않도록 버팀목 필요
  - 플라스틱이나 합판은 램이 뚫고 들어갈 수 있으므로 압력 분산 조치

6. 탐색구조 장비[38]

■ 매몰자 영상탐지기(Collapsed Space Victim Visual Detector)

○ 지진과 건물 붕괴 등 인명피해 상황에서 구조자가 생존자를 찾을 수 있도록 돕는 장비(Search TAP)
  - 작은 틈새 또는 구멍으로 카메라, 마이크, 스피커가 부착된 봉을 투입

---
37 중앙소방학교, 2017: 43-91; 채진·임동균, 2021: 61-117

■ 매몰자 음향탐지기(Collapsed Space Victim Acoustic Detector)

○ 매몰된 사람이 고함, 신음, 두드림 등과 같은 신호를 보내면 찾아내는 장비[38]
  - 흙에서 나오는 작은 음파(진동)는 지진과 유사한 파동으로 전파
  - 지중음을 들을 수 있도록 음파(진동)에 민감한 동적 변환기 '지오폰' 사용
  - 좁은 공간으로 이를 넣을 수 있다면 대화 가능

■ 매몰자 전파탐지기

○ 붕괴 건물 잔해나 붕괴물에 전파를 보내서 매몰한 생존자 호흡 움직임을 반사파로부터 검출 장비
  - 송신기를 매몰 생존자 추정 방향으로 맞추고 연속 주파수 신호 송출
  - 송출 신호는 매몰 생존자 움직임, 호흡, 심장 박동의 움직임에 따라 검출에 충분한 신호로 변조된 후 반사
  - 변조된 신호는 수신기에 도달, 수신된 신호는 다시 컴퓨터로 전송
  - 변조 내용은 신호를 주파수 스펙트럼으로 변환해서 모니터에 표시
  - 생존자가 없는 곳에서 표시가 나오면 적극 생존 가능성 고려

---

[38] 중앙119구조대, 2000

> 제3장 구조 장비

7. 보호 장비[40]

■ 공기호흡기(SCBA-Self Contained Breathing Apparatus)

○ 화재진압 또는 구조 활동에서 화재 발생 유독가스 상황에서 사용하는 압축공기식 개인 호흡 장비
  - 건물 안팎에서 화재 또는 유독물질이 존재하는 곳에서 항상 호흡기 착용

○ 호흡과 산소 요구량[40]
  - 사람의 호흡운동은 보통 분당 14~20회, 1회 흡입 공기량은 성인 남성은 약 500cc, 심호흡 때 약 2,000cc, 표준 폐활량은 3,500cc
  - 운동이나 노동할 때 호흡 횟수가 늘고 깊은 호흡, 몸에 다량의 산소가 필요하고 이산화탄소를 급히 배출, 소방 활동은 무거운 장비를 장착하고 긴장도가 극히 높아서 평상시보다 공기소모량이 많음

○ 용기 내 압력과 호흡량 한계
  - 고압조정기(regulator)에서 보급되는 흡기 유량은 한계가 있으며 이 수치는 용기 내 압력의 감소에 따라 계속 저하
  - 용기 내 압력이 높으면 호흡에 충분한 공기량이 보급, 압력이 낮아지면 호흡량도 계속 줄어들어 어느 압력 이하에서는 호흡에 필요한 공급이 어려움
  - 일반적으로 용기 내 압력이 1~1.5MPa 이하가 되면 소방 활동이 어렵기

---

39 중앙소방학교, 2017: 43-91; 채진·임동균, 2021: 61-117
40 김경태·권진구·이근홍, 2020

에 여유압력으로 제외하고 계산
- 현재 법령에서 공식적으로 사용되는 압력단위는 파스칼(Pa)이며 1파스칼(Pa)은 1m²에 1N의 힘이 가해졌을 때(N/㎡)의 압력
- 1kg/㎠ = 98,066.5Pa = 98.0665kPa = 0.0980665MPa ≒ 100kPa ≒ 0.1 MPa

○ 공기호흡기 사용 시 문제점
- 공기호흡기를 착용하면 신체 제약(항상 2인 이상 1조 편성)
- 공기호흡기는 그 자체로 적지 않은 중량이며 방화복, 헬멧, 방수화 등의 장비까지 착용하면 대원의 육체적 피로 가중
- 공기의 원활한 공급이 제한되면 체력이 심하게 소모되며 공기도 빨리 소모
- 호흡기를 착용하면 시야가 좁아지고 내부에 습기가 차면 앞이 잘 보이지 않으며 공기가 공급되면서 발생하는 소음때문에 들리지 않을 수 있음

○ 공기호흡기 사용 방법
- 100% 유독가스 중에서 사용할 수 있지만 암모니아나 시안화수소 등과 같이 피부에 염증을 일으키는 가스와 방사성 물질이 누출된 장소는 별도 보호 장비 착용
- 착용 전 개폐 밸브를 완전하게 열고 반대 방향으로 반 바퀴 정도 돌려 나중에 용기의 개폐 여부를 쉽게 확인할 수 있도록 한다.
- 용기 압력 확인, 호흡기를 신체에 밀착하고 가급적 현장에 진입 직전 착용, 현장에서 완전하게 벗어난 후 벗어야 안전, 시야가 좋아졌다고 오염되지 않은 곳이라는 보장은 없으며 착용 후 불필요하게 뛰지 말고 호흡을 깊고

제3장 구조 장비

　　　느리게 해서 사용 시간 연장
- 고압호스는 꼬인 상태로 취급하지 말고 개폐 밸브가 다른 물체에 부딪히거나 충격을 받지 않도록 주의
- 호흡기 내부에 김이 서려도 활동 중에 벗어서 닦지 말고 착용 시 코틀(nose cap)을 완전히 밀착하면 어느 정도 김 서림 방지
- 활동 중 수시로 압력계를 점검해서 활동 가능 시간 확인, 경보가 울리면 즉시 안전한 곳으로 탈출, 이때 같은 팀원과 같이 탈출
- 대부분 충전된 공기량이 거의 같아서 활동 가능 시간도 같음

○ 조정기 고장 등 주의 사항[41]
- 조정기에 갑자기 충격이 가해지거나 이물질로 고장 발생 시 호흡기 옆에 바이패스(Bypass) 밸브를 열어 공기를 직접 공급할 수 있음
- 이를 사용할 때는 숨을 쉰 후에 닫아주고 숨 쉴 때마다 다시 열기
- 대부분 부품은 손으로 완전하게 결합, 용기는 고온 직사광선을 피해서 보관하고 충격을 받지 않도록 조심스럽게 다루기(개폐 밸브 보호에 유의)
- 공기 누설을 점검할 때 개폐 밸브를 서서히 열어 압력계 지침이 가장 높이 상승하는 것을 기다린 다음에 잠그기
- 사용 후 남아있는 공기를 제거, 안면 렌즈에 이물질이 닿지 않도록 확인
- 조정기와 경보기 부분은 분해·조정 금지
- 장비는 고온다습 장소를 피해서 보관, 마른 수건으로 잘 닦고 그늘에서 건조

---
[41] 육현철, 2022

공기호흡기 장착 및 비상호흡법(강원특별자치도 소방본부)
https://youtu.be/gsu4HW3TrwI?si=4AWQ71ufARZKFkmp

■ 방사능 보호복

○ 방사능이 누출되거나 동위원소를 이용하는 기기가 손상되면 방사선으로부터 인체를 보호하는 복장
  - 특수보호복 전담자는 119안전센터 또는 119구조대에서 근무한 경력이 5년 이상, 중앙소방학교·지방소방학교 또는 전문교육기관에서 실시한 화생방사고 대처요령 등 관련 과목을 이수자
  - 보호복 착용으로 방사선 오염 물질 침입을 최소화
  - 피부나 내의와 접촉 최소화, 사용한 보호복은 즉시 폐기
  - 방사선 차폐 자재는 납 등 원자 번호가 큰 원소로 이루어지는 소재를 이용
  - 납은 착용자 피부 오염, 소각 폐기 후에 환경 오염 문제가 있으나 이보다 잘 차단할 수 있는 물질이 없음

■ 화학 보호복

○ 신경·수포·혈액·질식 등의 화학작용제나 유해 물질로부터 인체 보호
  - 공기호흡기가 내장된 완전밀폐형 제작
  - 화학보호복, 공기호흡기, 쿨링시스템, 통신장비, 비상탈출 보조호흡장비,

> 제3장 구조 장비

검사장비, 착용보조용 의자, 휴대용 화학작용제 탐지기, 소방용 헬멧
 - 일회용 또는 재사용(Reusable, Unlimited)으로 구분, 일회용 화학보호복도 제독 등 관리를 철저히 하면 재사용, 재사용 가능 화학보호복도 유독물질에 장시간 노출되면 폐기 권장

8. 보조 장비[43]

■ 공기안전매트(Air Mat)

○ 높은 곳에서 뛰어내렸을 때 공기의 탄력성을 이용하여 충격 완화
  - 공기주입형 구조매트는 15m 이하의 높이에서 뛰어내리는 사람의 부상 등을 줄이는데 한정(실제 구조대에서 사용하고 있는 공기매트의 사용 높이와 차이)
  - 매트 중앙 부분을 착지점으로 겨냥하고 뛰어내리면서 다리를 약간 들어주며 고개를 앞으로 숙여서 엉덩이 부분이 먼저 닿도록 하기

공기안전매트 소방실무 무작정 따라하기 EP05 | 인명구조매트 (창원소방본부)
https://youtu.be/eabq0-HZlQg?si=1kc04EnFzGPJmRFY

■ 열화상카메라(Thermal Imaging Camera)

○ 야간 또는 짙은 연기 등으로 시계 불량 지역에서 물체의 온도 차이

---
42 중앙소방학교, 2017: 43-91; 채진·임동균, 2021: 61-117

를 감지해서 화면에 보여주어 화점 탐지, 인명구조 등에 활용하는 장비
- 야간투시경(Night Vision)은 카메라에서 적외선 파장을 발산해 측정하거나 달빛을 증폭해 물체를 화면에 표시하는 형태(동물 다큐멘터리에서 볼 수 있음)
- 열화상 카메라(Infrared Thermal Camera)는 적외선을 방사하지 않고 동물 등이 방사하는 적외선을 이용, 물체나 동물의 온도에 따라 일정한 파장의 빛을 방출되는 원리를 이용
- 야간투시경은 적외선 반사를 이용, 열화상 카메라는 적외선 방사를 이용

9. 헬리콥터

■ 헬기 구조의 유용성[43]

○ 회전익항공기(헬기)는 지상에서 접근하기 어려운 곳에서 발생하는 긴급구조 상황에서 높은 효과
- 지상에서 알맞은 시간에 피해지역까지 구급차가 도달할 수 있다면 굳이 헬기 사용 필요 없음
- 구조작업에서 헬기 역할은 생존자 즉각 구조, 구조 활동을 통제·지시
- 생존자 인양, 구조 장비 투하, 생존자에게 필요한 상황 개선
- 기상 조건이 허락한다면 헬기는 결빙된 호수나 하천 구조에 유용

---

[43] 허경태, 2007

> 제3장 구조 장비

■ 헬기 안전 수칙[44]

○ 모든 구조대원은 많은 사람이 헬기 주위에서 일을 하거나 헬기에서 작업하다가 희생된다는 사실을 숙지
  - 잠재적 위험은 날개 회전이 눈으로 관찰되지 않을 때가 있으므로 회전익 부근 접근 금지, 운항지휘자(조종사) 지시에 복종
  - 항상 조종사 시야 안에서 움직임, 조종사 신호가 있기 전까지 접근 불가
  - 조종사 허가 없이는 기체로 들어가면 안 되며 탑승 시 머리를 숙인 자세로 올라타고 내리며 꼬리 부분 날개에 접근 금지
  - 모자는 손에 들거나 끈을 단단히 조이고 착용(하향풍에 날려서 사고 발생)
  - 들것, 우산 등 물체는 날개에 닿지 않도록 수평 휴대

■ 헬기 착륙 지점 선정

○ 헬기 출동 요청에서 무엇보다도 착륙 예정 지점 정찰
  - 수직 장애물이 없는 평탄한 지역(지면경사도 8°이내)
  - 고압선, 전화선 등 장애물이 없는 곳
  - 착륙장소가 장애물과 경사도 12° 이내 이착륙 가능한 곳
  - 이착륙 경로(Flight Path) 30m 이내에 장애물 없는 곳
  - 깃발, 연기, 연막탄 등으로 헬기 착륙 유도
  - 헬기 바람에 날릴 우려가 있는 물체는 고정, 먼지가 생기지 않도록 물 뿌리기

---

[44] 중앙소방학교, 2017: 336-349

○ 헬기 착륙 준비
- 유도 요원은 헬멧과 보호안경 착용, 잘 관측할 수 있는 곳을 선정
- 바람을 등지고 서서 헬기가 정면에서 바람을 맞을 수 있도록 유도
- 야간에 조명 필수, 강한 불빛을 헬기 진행 방향의 왼쪽으로 비추거나 조종사에게 직접 비추지 않도록 하고 자동차가 있으면 헤드라이트를 이용해서 착륙 지점을 비추기
- 조종사가 제일 먼저 고려할 사항은 바람이 부는 방향과 가시거리
- 가능하면 착륙은 맑은 공기에서 맞바람, 수평 지역이나 딱딱한 지표면 좋음
- 젖은 땅에 착륙이 모래밭 착륙보다 문제 덜 발생

○ 이송 중의 흔들림
- 사상자가 어느 정도 진동을 받으므로 환자 불편 가중 또는 상태 악화 우려
- 이륙 전에 공기튜브 삽입 또는 정맥주사 실시, 의료진이나 구조대원은 환자 항시 관찰, 들것을 헬기 외부에 부착하면 더 보호
- 갈비뼈 골절로 부목을 대고 움직이지 못하는 환자는 고도에 따른 기압변화로 부목 강도가 영향을 받기 때문에 세심한 배려가 필요(쇼크 방지용 하의를 착용한 환자는 공기가 팽창으로 필요 이상의 압력을 받게 되므로 수시로 압력계 확인)
- 흉부 통증과 기흉(pneumothorax) 환자는 육상 이송 권장, 육상에서 순환기 질병이 있는 사람은 고도가 올라가면 추가 발병 우려(저공비행 요구)

제3장 구조 장비

■ 탐색과 구조

○ 공중 정지와 선회는 구조작업과 탐색에 적합
- 작은 목표물을 찾을 때, 자세한 지형과 해수면 파악
- 헬기는 기중 장치(Hoist)와 케이블 장착으로 인양 가능
- 일반적으로 300ft(90m) 이하, 시속 60마일 이하 실시
- 요구조자가 외투를 벗거나 외형이 달라질 수 있다는 점을 고려
- 한편 헬기는 선회할 수 있는 공간이 충분해야 하고 조종사는 바람 조건과 공기 밀도를 고려
- 건물 위에 헬기장이 없거나 지붕이 지지하는 힘보다 핼기가 무거우면 선회
- 화재 층수를 파악하거나 면적을 추산하며 화염 속도도 헬기에서 볼 수 있으므로 구조 정보 제공 가능
- 헬기는 산불진압에도 대단히 유용

○ 요구조자 구조 후 탑승
- 구조대원은 요구조자의 부상 유무와 정도 파악 후 악화 방지 조치
- 추락 환자는 경추(척추) 보호대 착용
- 요구조자가 다수면 중증 환자 우선, 노인과 어린이 순서
- 요구조자를 장거리 이송할 때 바스켓 들것 이용해서 헬기 내부로 인양 후송
- 요구조자를 들것으로 인양할 때 들것과 호이스트(Hoist)의 고리를 연결하는 로프 길이는 짧으면 좋음
- 고층빌딩은 구조대원을 먼저 진입시켜서 현장 통제 후 구조
- 고속도로는 반대 차선도 모두 통제 후 구조 실시

- 교통사고는 부상자가 다수 발생할 가능성이 높으므로 현장에 투입하는 구조대원은 응급구조사 등 응급처치 자격을 가진 대원 탑승
- 수난구조는 소방정(배)이 운행할 수 있으면 우선 고려
- 산악구조는 운항지휘자는 기상 상태 확인, 구조대원이 암반이나 급경사에 하강하면 호이스트 사용, 회전익 풍압에 따른 낙석 위험이 있으므로 저공비행 피하기, 요구조자를 발견하지 못하면 방송 실시하고 요구조자 반응 확인(심리 안정 도모)

대한민국 산불진화 헬기 최초 공개(안동MBC NEWS)
https://youtu.be/hNT_wssfp6g?si=_Wxmt6su6EHcDiBC

해운대 30층 호텔 불…고층까지 연기 퍼져 헬기 구조(YTN)
https://youtu.be/j3YSCkBv450?si=lnS4filyPB2ywKOu

제4장
구조 훈련

1. 로프 매듭[46]

■ 로프는 구조 활동이나 훈련에서 대원 진입, 탈출, 요구조자 구출, 각종 장비의 운반과 고정, 장애물 견인, 제거 등 다양한 용도로 활용

■ 묶기 쉽고, 연결이 튼튼하여 자연적으로 풀리지 않고, 사용 후 간편하게 해체할 수 있는 매듭

  ○ 서로 모순되는 요구로 세 가지를 모두 만족하기는 어려움
    - 구조 활동 현장 상황에 맞게 매듭을 결정
    - 구조대원이 가장 잘할 수 있는 매듭을 사용

  ○ 매듭을 많이 알기보다 잘 쓰이는 매듭을 정확히 숙지
    - 매듭은 정확한 형태를 만들고 단단하게 조여야 하중을 지탱

---

45 채진·임동균, 2021: 119-222; 중앙소방학교, 2017: 95-164

- 될 수 있으면 매듭 크기가 작은 방법 선택
- 매듭 끝부분이 빠지지 않도록 주매듭을 묶은 후 옭매듭으로 다시 마감
- 끝부분이 빠지지 않도록 매듭에서 로프 끝까지 11~20㎝ 정도 남기기
- 끊어지지 않는 로프는 없고 풀어지지 않는 매듭도 없다(이상 여부 확인)
- 로프는 매듭 부분 강도가 저하된다는 사실 기억

○ 마디 짓기(結節, 결절) : 로프 끝이나 중간에 마디나 매듭·고리를 만드는 방법

○ 이어 매기(連結, 연결) : 한 로프를 다른 로프와 서로 연결하는 방법

○ 움켜 매기(結着, 결착) : 로프를 지지물 또는 특정 물건에 묶는 방법

로프매듭법(제41기 신규임용자과정, 부산소방학교 화재교관팀)
https://youtu.be/JJJ9XQO-GUI?si=FLAEOCBBlE2897ma

2. 마디 짓기(결절) 매듭[47]

■ 옭매듭(엄지매듭, overhand knot)

○ 로프에 마디를 만들어 도르래나 구멍으로부터 로프가 빠짐을 방지,

---

46 채진·임동균, 2021: 119-222; 중앙소방학교, 2017: 95-164

제4장 구조 훈련

절단한 로프 끝에서 꼬임이 풀림을 방지할 때 사용하는 가장 단순한 형태

○ 두겹 옭매듭(고리 옭매듭)은 로프 중간에 고리를 만들 필요가 있을 때 사용

■ 8자 매듭(figure 8)

○ 매듭이 8자 모양을 닮아서 '8자 매듭', 옭매듭보다 매듭 부분이 커서 다루기 편하고 풀기도 쉬움

○ 두겹 8자 매듭(figure 8 on a bight)
  - 간편하고 튼튼해서 로프에 고리를 만들 때 가장 많이 활용, 로프에 고리를 만들어 카라비너에 걸거나 나무, 기둥에 걸고자 할 때 폭넓게 활용
  - 로프를 두겹으로 겹쳐서 8자 매듭으로 묶는 방법과 한겹으로 되감는 방식

○ 이중 8자 매듭(double figure 8)
  - 로프 끝에 두 개 고리를 만들 수 있어 두 개 확보물에 로프를 고정

■ 줄사다리 매듭

○ 로프에 일정한 간격을 두고 수 개의 옭매듭을 만들어 로프를 타고 오르거나 내려갈 때 지지점으로 이용할 수 있도록 하는 매듭

■ 고정 매듭(bowline) : 매듭의 왕(king of knots)

○ 로프의 굵기에 관계 없이 묶고 풀기가 쉬우며 조여지지 않으므로 로프를 물체에 묶어 지지점을 만들거나 유도 로프를 결착할 때 사용

○ 구조 활동부터 등산, 선박 등에서 자주 사용되는 중요한 매듭

○ 두겹 고정 매듭(bowline on a bight)
  - 로프 끝에 두 개의 고리를 만들어 활용하는 매듭
  - 수직 맨홀 등 좁은 공간으로 진입하거나 요구조자 구출 시 유용하게 활용
  - 완만한 경사면에서 확보물 없이 3명 이상이 한 줄 로프를 잡고 등반하면 중간에 위치한 사람들이 이 매듭을 만들어 어깨와 허리에 걸면 로프가 벗겨지지 않음

■ 나비 매듭

○ 로프 중간에 고리를 만들 필요가 있을 때 사용하며 다른 매듭보다 충격을 받아도 풀기가 쉬움
  - 중간 부분이 손상된 로프를 임시로 사용할 때 손상된 부분이 가운데로 오도록 해서 매듭을 만들면 손상된 부분에 힘이 가해지지 않아 응급대처 가능

제4장 구조 훈련

3. 이어매기(연결) 매듭[48]

■ 바른 매듭(square knot)

○ 묶고 풀기가 쉬우며 같은 굵기 로프 연결에 적합
  - 로프 연결의 기본 매듭이며 힘을 많이 받지 않는 곳에 사용
  - 굵기 또는 재질이 서로 다른 로프를 연결할 때는 빠질 수도 있기에 직접 안전을 확보하는 매듭으로 부적합
  - 반드시 매듭을 완전히 조이고 끝부분은 옭매듭으로 마감
  - 짧은 로프가 서로 다른 방향으로 묶이면 로프가 미끄러져 빠지므로 주의

■ 한겹 매듭(backet bend)

○ 굵기가 다른 로프를 결합에 사용
  - 주 로프는 접어둔 채 가는 로프를 묶어야 좋으며 로프 끝을 너무 짧게 묶으면 쉽게 빠지므로 주의

■ 두겹 매듭(double backet bend)

○ 한겹 매듭에서 가는 로프를 한 번 더 돌려 감아 더 튼튼하게 연결

---
47 채진·임동균, 2021: 119-222; 중앙소방학교, 2017: 95-164

■ **8자 연결 매듭**(figure 8 follow through)

○ 많은 힘을 받을 수 있고 힘이 가해질 때도 풀기 쉬워 로프를 연결하거나 안전 확보 매듭으로 자주 사용
  - 주 로프로 8자 형태 매듭을 만들고 연결하는 로프를 반대 방향에서 역순으로 진입시켜 이중 8자를 만들면 매듭 완성
  - 양쪽 끝 로프를 당겨 완전한 형태의 매듭을 완성하고 옭매듭으로 마무리

■ **피셔맨 매듭**(fisherman's knot)

○ 두 로프가 서로 다른 로프를 묶고 당겨 매듭 부분이 맞물리도록 하는 방법
  - 신속하고 간편하게 묶을 수 있으며 매듭의 크기도 작음
  - 두 줄을 이을 때 연결 매듭으로 많이 활용되나 힘을 받은 후에는 풀기가 매우 어려워 장시간 고정할 때 주로 사용(매듭 부분을 이중으로 하면 더욱 단단)

4. 움켜매기(결착) 매듭[49]

■ **말뚝 매기 매듭**(clove hitch)

○ 로프 한쪽 끝을 지지점에 묶는 매듭으로 구조 활동 시 로프로 지지

---
48 채진·임동균, 2021: 119-222; 중앙소방학교, 2017: 95-164

> 제4장 구조 훈련

점을 설정할 때 많이 사용
- 묶고 풀기 쉬우나 반복 충격을 받으면 매듭이 자연적으로 풀릴 수 있으므로 매듭 끝을 안전하게 처리
- 말뚝 매기가 풀리지 않도록 끝부분을 옭매듭으로 마감하는 방법을 많이 활용하고 주 로프에 2회 이상의 절반 매듭을 하는 방법도 사용

■ 절반 매듭(half hitch)

○ 로프를 물체에 묶을 때 간편하게 사용하는 매듭
- 묶고 풀기 쉬우나 결속력이 약해서 절반 매듭을 단독으로 사용 불가

■ 잡아매기 매듭

○ 안전밸트가 없을 때 요구조자의 신체에 로프를 직접 결착하는 고정 매듭
- 요구조자 구출이나 낙하 훈련 등과 같이 충격이 심한 훈련, 신체에 주는 고통을 완화(긴급할 때를 제외하고 사용 안 함)

■ 감아매기 매듭(prussik knot)

○ 굵은 로프에 가는 로프를 감아 매어 당기는 방법
- 고리 부분을 당기면 매듭이 고정되고 매듭 부분을 잡고 움직이면 주 로프의 상하로 이동할 수 있으므로 로프 등반이나 고정에 많이 활용

- 감는 로프는 주 로프의 절반 정도 굵기일 때 가장 효과적이며 3회 이상 돌려 감아야 고정

■ 클램하이스트 매듭(klemheist knot)

○ 감아매기와 같이 자기 제동(self locking)이 되는 매듭
  - 주 로프에 보조 로프를 3·5회 감고 로프 끝을 고리 안으로 통과시켜 완성
  - 하중이 걸리면 매듭이 고정되고 하중이 걸리지 않으면 매듭을 위아래로 이동 가능

5. 매듭 활용[50]

■ 신체 묶기

○ 구조 기술과 장비가 부족했을 때 로프에 직접 요구조자를 결착해 구출
  - 의식이 분명하고 큰 부상이 없는 요구조자를 두겹 고정 매듭으로 만들어 수직으로 이동, 의식이 없는 요구조자를 세겹 고정 매듭으로 구출
  - 이러한 방법은 요구조자 신체를 보호하지 못하고 예기치 못한 손상을 입힐 수도 있기에 현재 거의 사용되지 않음
  - 요구조자 구출에 반드시 안전벨트를 착용, 들것을 이용해 보호에 최선

[49] 채진·임동균, 2021: 119-222; 중앙소방학교, 2017: 95-164

> 제4장 구조 훈련

■ 두겹 고정 매듭 활용

○ 맨홀이나 우물 등 협소한 수직 공간에 구조대원이 진입하거나 요구조자를 구출할 때 사용
  - 두겹 고정 매듭으로 고리 부분에 두 다리를 넣고 손으로는 로프를 잡고지지
  - 로프 끝을 길게 하고 가슴에 고정 매듭을 만들면 두 손을 자유롭게 사용

■ 세겹 고정 매듭 활용

○ 들것을 사용할 수 없는 장소에서 안전벨트 없이 요구조자의 끌어올리거나 매달아 내려서 구출할 때 사용
  - 경추나 척추 손상이 의심되는 요구조자 또는 다발성 골절환자에게 사용 금지

■ 앉아 매기(간이 안전벨트)

○ 안전벨트 대용으로 하강 또는 수평 도하 등에 사용할 수 있는 매듭
  - 3m 정도 길이 로프나 슬링 끝을 서로 묶어 큰 원을 만들고 허리에 감은 다음 등 뒤의 로프를 다리 사이로 빼내어 카라비너로 연결
  - 로프보다는 슬링 이용이 신체에 가해지는 충격을 완화

일상생활에 유용한 12가지 매듭법(한국산업로프협회)
https://youtu.be/n62RkbCo0RQ?si=30JpJynM-0rLWUoW

6. 로프 정리[51]

■ 로프를 정리(사리기)한다고 표현

■ 둥글게 사리기

○ 비교적 짧은 로프를 신속하게 정리할 때 사용
  - 무릎이나 팔뚝을 이용해 로프를 신속히 감음

■ 나비모양 사리기

○ 한발감기
  - 50~60m 정도 긴 로프를 정리할 때 사용
  - 왼손으로 로프 한 쪽 끝을, 오른손으로 긴 로프를 잡고 양팔을 벌려 한 발의 길이가 되도록 해서 꼬이지 않도록 주의하면서 왼손으로 로프를 잡음
  - 다시 양팔을 벌려 로프가 한 발이 되도록 하고 로프를 왼손으로 잡아나가는 방법으로 로프를 사리면 로프가 지그재그 형태로 차례로 쌓이므로 풀 때 엉키지 않음

○ 어깨감기
  - 로프 길이가 60m 이상 되면 한 손으로 잡고 있을 수 없는데 로프를 어깨

50 채진·임동균, 2021: 119-222; 중앙소방학교, 2017: 95-164

제4장 구조 훈련

로 올려서 정리
- 왼손으로 로프 끝을 잡고 오른손으로 로프를 잡아 목 뒤로 돌려 어깨에 걸치고 오른손으로 로프를 잡은 상태에서 왼손에 로프를 놓고 오른쪽 로프를 잡아 다시 목뒤로 돌리는 방식
- 로프를 어깨 위에 쌓고 마지막에 두 손을 로프 안쪽에 넣어 조심스럽게 들어내고 한발 감기와 같은 방법으로 끝을 마무리
- 로프를 두겹으로 잡고 정리하면 긴 로프라도 신속하게 마무리

■ 8자 모양 사리기

○ 나비형 사리기와 함께 로프가 꼬이지 않게 정리하는 방법
 - 풀 때 꼬이지 않으며 굵고 뻣뻣한 로프나 와이어 로프에 편리

■ 사슬 사리기

○ 과거 주로 화물자동차 기사가 사용한 방법이며 원형이나 8자형 사리기보다 꼬이거나 엉키는 확률이 현저히 낮음
 - 이 방법은 마지막 끝처리가 잘되어야 하는데, 잘못되면 푸는 방법도 잘 익혀 두어야 하며 마지막 1m 정도 여유줄을 남겨 놓고 마지막 사슬을 여유줄에 묶기
 - 절대 여유줄이 매듭 안으로 들어가서는 안되며 고리를 작게 정리해야 좋음

■ 어깨매기

○ 로프를 휴대하고 장거리 이동 방법

로프 관련 고급 정보(Petzl Professional)
https://www.youtube.com/@petzlprofessional/videos

7. 로프 설치[52]

■ 로프를 공작물이나 수목 등 일정한 지지물에 묶어 하중을 받을 수 있도록 설치[52]

○ 지지점(支持點) 또는 확보점(確保點)은 로프를 직접 묶어 하중을 받는 곳

○ 현수점(懸垂點)은 수직 방향으로 설치하는 로프가 묶이는 곳

○ 지점(支點)은 연장된 로프에 카라비너, 도르래 등을 넣어 로프 연장 방향(결국 힘의 방향)을 바꾸는 장소
  - 지점에서 카라비너 등 장비와 로프 마찰로 저항력 발생

---

51 채진·임동균, 2021: 119-222; 중앙소방학교, 2017: 95-164
52 니혼분게이샤, 2015

> 제4장 구조 훈련

- 확보점, 지지점, 현수점, 지점 등을 명확히 구분하지 않고 앵커(anchor)로 통칭

■ 지지물 선정

○ 로프를 설치하려면 적당한 지지물(충분한 강도를 가진 구조물, 공작물, 수목 등), 로프(지지물에 결착), 활용 기구(카라비너, 도르래 등) 필요
  - 주변에 전신주, 철탑, 견고한 수목 등이 있으면 쉽게 지지물을 선정할 수 있으나 그러한 물체가 없으면 주변 지형지물이나 물체를 잘 활용해서 확보점 등을 설정하고 지지물에 따라 알맞은 매듭을 활용
  - 지지물은 고정된 공작물이나 수목 등 하중을 충분히 견딜 수 있는 물체를 선택, 로프는 반드시 2겹 이상, 2개 지점 이상을 서로 다른 지지물에 묶어 지지물 파손, 로프 절단 등으로 발생할 수 있는 안전사고가 발생하지 않도록 주의
  - 로프가 묶이는 부분이 날카롭거나 거친 물체와 닿아서 마찰이 생기면 기구 파손 발생 우려(로프 보호 기구, 담요, 종이상자 등을 이용하여 마찰을 최소화)

■ 지점 만들기

○ 지점(支點)을 설정할 때 설정 부분 강도를 살펴서 충분한 하중을 견딜 수 있는 물체인지를 파악
  - 로프가 흔들리면 마찰이 많이 발생해서 로프와 로프가 직접 닿지 않도록 주의

○ 현수(懸垂) 로프는 요구조자 구조, 대원 진입, 탈출을 목적으로 지지점에서 아래로 수직으로 설치하는 로프
  - 등반, 하강, 요구조자 구출, 장비 수직이동, 수직 맨홀 진입 등 다양하게 활용

■ 현수 로프 설치 원칙

○ 지지점은 완전한 고정 물체를 선택, 하중이 걸렸을 때 충분히 지탱할 수 있는 강도를 가져야 하므로 파손이나 균열이 있는지 자세하게 살펴보고 안전성 확인

○ 로프는 두겹 사용 원칙, 직경 9㎜ 이하 로프는 충격력과 인장력이 떨어지고 손에 잡기도 어려우므로 반드시 두겹
  - 하강 로프 길이는 현수점에서 하강 지점(지표면)까지 로프가 완전히 닿고 1~2m 정도 여유
  - 로프가 지나치게 길면 하강 지점에 도달해서 신속히 이탈하기 어렵고 로프가 지면에 닿지 않을 정도로 짧으면 추락 위험
  - 하강 지점 안전을 확인하고 로프 투하
  - 로프 가방(rope bag)을 사용하면 로프가 엉키지 않고 손상 방지

■ 지지물에 직접 묶기

○ 이중 말뚝 매듭이나 고정 매듭 등을 이용해 로프를 지지물에 직접

제4장 구조 훈련

묶음
- 고정이 확실하나 매듭에 시간이 걸리며 매듭 후 남는 로프 뒤처리 유의
- 지지물에 로프를 말뚝 매기로 묶고 그 끝을 연장된 로프에 다시 옭매듭 또는 두겹 말뚝 매기로 풀리지 않도록 작업, 매듭 후에는 다시 주 로프에 보조 로프를 감아 매고 다른 곳에 고정

■ 간접 고정하기

○ 지지물이 크거나 틈새가 좁아 직접 로프를 묶기 어려울 때, 신속히 설치할 필요가 있을 때 사용
- 지지점에 슬링이나 보조 로프를 감아 확보 지점을 만들고 카라비너를 설치하고 8자 매듭이나 고정 매듭으로 카라비너에 로프를 걸어서 작업
- 건물 모서리나 기타 장애물에 로프가 직접 닿지 않도록 보호

○ 카라비너 이용
- 카라비너를 걸 수 있는 고리가 있으면 로프를 신속하게 설치, 고리가 없을 때 보조 로프나 슬링 등을 활용

■ 회수 로프 설치

○ 구조현장에 설치된 로프를 회수하기 어려울 때 마지막 하강 또는 도하하는 대원이 로프를 회수하기 쉽게 설치하는 방법
- 안전사고 위험이 있으므로 신중하게 회수하고 암벽 틈새나 수목 등 장애물

에 로프가 걸리지 않도록 주의

○ 로프감기
- 수목이나 전신주 등 지지물에 로프를 감아 사용하고 하강 또는 도하 후 매듭의 반대 방향으로 당겨 회수하는 가장 간단한 방법
- 반드시 로프 두 줄을 동시에 활용
- 사용 후 매듭 부분 반대 방향으로 로프를 당겨 회수하며 로프가 마찰로 훼손되지 않도록 주의(횡단 로프 설치에 활용)

○ 회수 매듭(Blocking loop) 활용
- 하강 지점에서 풀 수 있는 회수 매듭
- 3번 이상 교차 매듭하고 풀리는 로프를 기억, 푸는 로프를 착각해서 잘못 당기거나 하강 도중 매듭을 당기면 추락 위험

■ 연장 로프 설치 방법

○ 인력 로프 연장
- 아무런 장비나 도구 없이 로프와 사람 힘만으로 로프를 연장하는 방법
- 연장 로프에 걸리는 하중이 적으면 사용
- 당김줄 매듭(trucker's hitch)을 사용하면 작업 끝난 후 매듭을 풀기가 용이

○ Z자형 도르래 배치법
- 주 로프의 당겨지는 지점에 보조 로프를 감아 매고 두 번째 도르래를 걸고

영상으로 공부하는 인명구조 강의노트

다음 주 로프를 통과시키고 당기는 형태
- 1/3의 힘만으로 로프를 당길 수 있으나 거리 역시 3배가 되어 1m를 당기고자 한다면 3m를 당겨야 한다.

○ 2단 도르래 이용
- 연장 로프에 구조대원이나 요구조자가 직접 매달리는 도하 로프 설치 시 이용

○ 차량 이용 연장
- 연장된 로프 끝에 두겹 8자 매듭이나 이중 8자 매듭을 하고 카라비너를 걸어서 차량용 훅(hook)에 로프를 연결
- 차량을 후진해서 로프를 당길 때 보조요원은 장력을 살펴야 안전
- 구조 활동에 적합한 정도로 로프가 당겨지면 '사이드 브레이크'를 채우고 바퀴에 고임목을 대어 차량이 전진하지 않도록 조치

8. 확보[54]

■ 확보(belay)는 로프로 묶는 안전조치

○ 높은 곳 작업, 암벽 등반 등에서 구조대원과 요구조자 행동을 쉽게 하고 추락이나 장비 이탈을 방지하는 과정

---
[53] 채진·임동균, 2021: 119-222; 중앙소방학교, 2017: 95-164

- 직접 확보는 기구 사용 여부와 관계 없이 확보자 신체에 직접 하중이 걸리도록 하는 방법
- 간접 확보는 기구 등을 사용해서 자기 몸이 아닌 다른 어떤 지형지물과 확보물에 의지
- 등반자가 추락했을 때 추락 충격이 1차로 확보자에게 전달되는가(직접 확보), 아니면 확보 지점에 전달되는가(간접 확보)에 따른 구분

■ 자기 확보

○ 작업자 자기 안전 확보를 목적으로 신체를 어떠한 물체에 묶어 고정
  - 구조 활동에서 가장 먼저 자기 확보
  - 작업 상황과 이동 범위를 고려해 1m~2m 내외의 로프를 물체에 묶고 끝에 매듭한 후 카라비너를 이용해 작업자의 안전벨트에 거는 방법
  - 안전벨트와 확보 로프 없이 작업은 매우 위험, 상황이 급박해 불가피하게 작업을 진행할 때는 로프 이용 간이 안전벨트를 만들고 확보 로프 결착

■ 타인의 확보

○ 확보자가 등반, 하강, 높은 곳에서 작업 중인 대원의 안전을 확보하는 방법
  - 확보 기구 또는 신체를 이용해 로프 마찰력을 증가시켜 추락 방지

> **제4장** 구조 훈련

■ 장비 이용 확보

- ○ 확보 기구에 로프를 통과시켜 마찰을 일으키도록 하는 방법
  - 신체 확보보다 확실하고 안전
  - 우선 자기 확보 이후 확보 기구에 로프를 통과시켜 풀어주거나 당기면서 작업
  - 반드시 로프 끝부분을 매듭으로 표시(로프 길이를 착각하고 모두 푸는 사고 방지)

■ 신체 이용 확보(Body Belay)

- ○ 신체 이용 확보 방법은 로프와 몸의 마찰로 로프를 제동
  - 안전 확보는 기구를 사용하면 좋으나 구조현장에 기구가 없으면 부득이 신체로 확보
  - 국제산악연맹에서 권장하는 방법은 허리 확보(Hip Belay)

- ○ 허리 확보
  - 하중을 확보자 허리로 지탱하는 방법
  - 서거나 앉아서 확보할 수 있지만 선 자세는 되도록 피하고 허리 확보는 어깨 확보와 같이 로프 힘의 중심이 아래쪽에 있으면 실시가 쉬움
  - 앉은 확보 자세에서 발로 밟고 지탱할 수 있는 지지물이 있으면 강하게 확보

○ 어깨 확보
- 힘이 걸리는 방향에 로프가 왼쪽 겨드랑이 밑으로 나오도록 확보 로프를 설정
- 왼손잡이는 오른쪽 겨드랑이로 나오도록 확보

■ 지지물 이용 확보

○ 지지물을 활용하면 확보 로프의 당기는 방향을 바꾸고 마찰력도 증가
- 지지물이 있으면 더욱 안전하며 지지물이 추락 충격에 견딜 수 없으면 개인 로프, 카라비너 등으로 지지점을 늘려 분산

9. 하강 준비[55]

■ 하강기 준비

○ 하강 기구 이용 하강
- 가장 기본적인 하강 기구인 8자 하강기는 크기가 작아 휴대 활용이 쉬우나 숙달된 사람이 해야 하고 제동이나 정지가 불편
- 8자 하강기의 변형인 구조용 하강기, 로봇 하강기 등도 널리 활용
- 스톱하강기(stopper), 랙(rack) 등 제동이 쉬운 하강기도 사용 증가

54 채진·임동균, 2021: 119-222 ; 중앙소방학교, 2017: 95-164

> 제4장 구조 훈련

- 카라비너와 로프 마찰력으로 제동하는 방법은 하강기가 없을 때 대신 사용

■ 하강기에 로프걸기

○ 8자 하강기
- 두 줄 걸기는 두 줄 로프를 모두 8자 하강기에 넣고 카라비너에 걸어서 사용하므로 하강 속도가 느리고 제동이 쉬워서 요구조자 구출에 많이 활용
- 한 줄 걸기는 보통 하강 시 활용, 한 줄은 하강과 제동, 다른 줄 안전 확보용
- 먼저 카라비너에 한 줄의 로프를 통과시키고 다른 로프를 8자 하강기에 넣어 다시 카라비너에 거는 형태
- 8자 하강기를 통과한 하강측 로프가 오른쪽(왼손잡이는 왼쪽)으로 가도록 주의

○ 스톱(STOP) 하강기
- 사용 간편 제동 용이, 체중이 걸리면 자동으로 로프에 제동되는 형태
- 손잡이를 누르면 제동이 풀리면서 하강, 놓으면 다시 제동이 걸리는 구조

■ 안전하게 로프 걸기

○ 장갑을 끼고 있거나 날씨가 추우면 하강기에 로프를 걸다가 놓칠 수 있음
- 하강기가 없다면 구조 진행이 어렵고 하강기에 따른 안전사고 발생 우려

10. 하강 실시[56]

■ 일반 하강

○ 하강 전 안전 점검
- 하강 전에 반드시 로프 설치 상태와 착지점 상황 등을 점검, 착지지점에 안전요원 배치, 하강하는 대원 자신이 직접 안전벨트와 카라비너의 결합, 하강기 고정과 로프 삽입 등을 점검
- 하강하는 대원이 지나치게 하강 속도가 빠르면 안전요원이 하강 로프를 당겨 제동을 걸어야 하므로 안전요원은 하강하는 대원에게 반드시 집중

○ 오버행(over hang) 하강
- 오버행(over hang)은 암벽 일부가 처마처럼 튀어나온 부분
- 큰 배낭이나 무거운 장비를 메고 오버행 하강을 하면 무게 때문에 갑자기 뒤집어 질 수 있으므로 배낭을 자신의 안전벨트에 걸려있는 자기 확보줄에 달아서 먼저 오버행 아래로 내려보내고 하강해야 안전

■ 헬리콥터 하강

○ 헬기 탑승
- 헬리콥터에 접근할 때는 기체 전면으로 가야 하며 기장 또는 기내 안전원 신호에 따라 탑승

---

55 채진·임동균, 2021: 119-222; 중앙소방학교, 2017: 95-164

제4장 구조 훈련

- 꼬리날개(Tail rotor)는 고속 회전으로 매우 위험, 절대 기체 뒤쪽으로 접근하지 않도록 각별히 주의

○ 헬기 하강
- 공중에서 로프 투하 시 로터(rotor)의 바람에 로프가 휘말릴 수 있으므로 반드시 로프백에서 투하
- 투하된 로프가 지면에 완전히 닿았는지 반드시 확인
- 하강 위치에 접근하면 기내 안전요원 지시로 현수 로프 카라비너를 기체에 설치된 지지점에 걸기
- 하강 준비 신호에 맞춰 왼손은 현수점측 로프를 잡고, 오른손은 하강측 로프를 허리 위치까지 잡아 제동하면서 현수 로프에 서서히 체중을 실어 헬리콥터의 바깥으로 이동하여 하강 자세를 갖추기
- 발을 헬기에 붙인 채 최대한 몸을 뒤로 기울여 하늘을 쳐다보는 자세를 취한 다음 안전원의 '하강 개시' 신호에 따라 발바닥으로 헬기를 살짝 밀며 제동을 풀고 한 번에 하강
- 착지점 약 10m 상공에서 서서히 제동을 걸기 시작해서 지상 약 3m 위치에서 정지할 수 있는 속도로 낮춰서 지상에 천천히 착지
- 로프가 지면에 닿았는지 재확인, 착지 후 신속히 현수 로프를 제거하고 안전원에게 이탈 완료 신호

11. 등반과 도하[57]

■ 등반 현수 로프 설치는 견고한 지지점을 선택해서 확실히 결착하고 반드시 별도 안전로프를 설치해서 추락 대비

■ 도하(渡河)는 하천, 협곡, 봉우리와 봉우리 사이를 건널 때 이용하는 기술

- 로프를 양쪽 견고한 지점에 고정하고 공중에 걸어 놓고 한쪽에서 다른 쪽으로 이 로프를 타고 건너가는 공중 횡단법
- 급류가 흐르는 계곡을 공중으로 건널 때 쓰이는 중요한 기술
- 위험성이 높아서 평소 철저한 체력단련과 반복된 훈련 필요
- 도하용 로프는 수평 장력과 도하 대원 체중이 더해져서 지지점은 튼튼한 곳을 설정
- 로프는 2줄로 설치하고 도하 대원은 반드시 헬멧과 안전벨트 착용
- 카라비너를 이용해 로프와 대원 안전벨트 사이에 1m~2m 내외의 보조 로프를 걸어서 체중을 분산

○ 매달려 건너는 방법

- 티롤리안 브리지(tyrolean bridge) 또는 티롤리안 트래버스(tyrolean traverse)
- 협곡 양쪽을 연결한 로프에 매달려 건너가는 방법
- 안전벨트에 카라비너를 이용해 도르래를 연결하고 주 로프에 매달려서 자기 손으로 로프를 당기며 도하 또는 다른 사람의 도움을 받아서 도하

---

56 채진·임동균, 2021: 119-222; 중앙소방학교, 2017: 95-164

제4장 구조 훈련

○ 쥬마를 이용해서 건너기
  - 쥬마 등반법을 응용해 수평으로 이동하는 방법
  - 장비 없이 맨손으로 이동하는 방법보다 힘과 시간 절약

○ 엎드려서 건너는 방법
  - 엎드린 자세로 건널 때 로프에 엎드려서 배를 줄에 붙이고 진행 방향에 머리를 두고 한 발은 뒤로 한쪽 줄에 끼고 꼬아서 건너는 방식

고통받지 않는 로프 회수법(국립소방연구원)
https://youtu.be/lZH5n-SDPxA?si=TYE8IyZvdqOOfLz0

12. 응용 구조[58]

■ 들것 결착

○ 요구조자가 공중에 매달린 경우, 좁은 공간 또는 높은 장소에서 부상, 스스로 대피할 수 없을 때
  - 들것은 로프에 묶어서 수직이나 수평으로 이동 가능
  - 들것에 요구조자를 눕힌 상태에서 수직 또는 수평으로 이동
  - 맨홀 같이 좁은 공간에서 구출할 때 들것을 수직으로 이동 시

---
57 중앙소방학교, 2017: 165-202

■ 진입 구출

○ 업기
- 구조대원 기술과 체력이 필요, 폭이 넓은 슬링을 이용
- 요구조자를 업고 하강할 때 '퀵드로' 이용

○ 구출 운반
- 사고 현장에서 요구조자를 구조하면 기본 응급처치를 실시 후 구출
- 급박한 위험이 있거나 가벼운 부상만 입은 요구조자는 먼저 현장에서 이동
- 요구조자를 긴급히 이동할 때는 신체 일부가 아닌 전체(제2경추)를 잡아당기기
- 요구조자 신체를 구부리면 안 좋으며 바닥에 누워있을 경우 목이나 어깨 부위의 옷깃을 잡아끌기

○ 요구조자 끌기
- 화재나 위험물질 누출 등 긴급한 상황에서 의식이 없는 환자를 단거리 이동할 때 쓰는 방법으로 '소방관 끌기'라고 부름
- 소방관 운반은 공기호흡기를 착용한 상태에서 요구조자를 업을 수 있는 형태

○ 끈 업기(pack strap)
- 로프, 슬링, 기타 끈을 이용해 요구조자를 업을 수 있음
- 요구조자의 손목을 묶어서 빠지지 않게 하는 방법과 슬링을 둥글게 묶어서

요구조자의 겨드랑이와 엉덩이를 지나게 하고 구조대원의 어깨에 걸쳐 매는 방법
- 구조대원 두 손이 자유롭기에 사다리를 잡거나 다른 일을 할 수 있음
- 업고 운반하는 동안 요구조자의 다리가 끌리지 않도록 주의

○ 들어 올리기
- 구조대원 손으로 안장을 만들고 요구조자를 앉혀 운반하는 방법과 요구조자 등 뒤로 손을 넣어 들어 올리는 방법
- 안장을 만들어 앉히면 요구조자가 편하나 의식이 없는 요구조자에게 사용 불가, 등 뒤로 손을 넣어 올릴 때 서로 어깨를 잡고 반대쪽 손은 서로 손목을 잡아야 안전하게 이동

○ 의자 활용 이동
- 의자 활용은 계단이나 골목과 같이 협소한 장소에서 요구조자에게 무리를 주지 않고 이동
- 접이식 의자는 사용하지 않고 의식이 없는 요구조자는 의자에서 떨어질 수 있으므로 의자에 가볍게 묶음

○ 사다리 진입
- 건축 현장과 같은 수직 공간에 사다리를 내려 진입과 퇴로를 안전하게 확보
- 사다리를 기구 묶기 방법으로 결착하고 확보 로프를 잡아 아래로 내려서 로프를 잡는 대원은 사다리 중량 때문에 자세가 불안해질 염려가 있으므로

철저한 확보

○ 수직 맨홀 진입
- 급수탱크, 정화조, 맨홀 등의 수직 공간에서 가스 누출, 도장 작업 중 질식 사고 자주 발생

○ 수평 갱도 진입
- 최근 지하철, 터널 등 대규모 수평 공간에서 차량 충돌, 화재, 유독가스 누출 등의 사고가 자주 발생
- 전원 차단 등으로 내부 조명이 부족하고 짙은 연기로 시야 차단 등의 우려로 환기와 조명에 유의
- 내부 구조가 복잡해서 사고가 발생한 장소나 출구를 찾기 어려우므로 진입하는 대원은 미리 현장 도면이나 시설 정보 등을 수집한 다음에 구조
- 현장 진입 대원은 반드시 2인 이상 조 편성(안전벨트나 신체에 유도 로프 결착)
- 안전요원은 현장에 진입한 대원의 이름, 진입시간, 공기호흡기 잔량 등을 꼼꼼히 기록해서 통신 두절, 공기 소모 예상 시간 경과 등이 발생하면 즉시 구조작업 중지하고 긴급구조팀 투입이나 필요한 안전조치 실시

광산 '뚫린 갱도' 발견…음향탐지기로 위치 확인
(KBS 2022.11.03)
https://www.youtube.com/watch?v=banzAnKvWjQ

제5장
구조 유형

1. 구조 활동 기본 수칙[59]

■ 구조대원 포함 모든 소방관이 가장 많이 대하는 사고는 화재 현장

○ 오늘날 대부분 화재는 인명피해가 적은 내화구조 건물이지만 소규모 화재라도 화재진압 작전 성공과는 별도로 화재 건물은 철저히 검색[59]

○ 겉보기에 작은 화재라도 짙은 연기 속에서 탈출하지 못한 사람이 있음

---

58 중앙소방학교, 2017: 205-214
59 채진, 2021

■ 화재 건물 검색

○ 외부 관찰
- 구조대원은 건물 전체와 주변을 검색
- 건물 진입 전 선택 가능한 탈출 경로(창문, 출입문, 옥외계단 등)를 미리 확정
- 건물 진입 후 창문 위치 자주 확인
- 대피한 사람이 있으면 요구조자(要救助者) 정보를 얻을 수 있는 질문
- 모든 정보를 확인하되 전체 건물 수색 완료까지 모든 거주자가 대피했다고 추측하지 말기

○ 1차 검색(Primary Search)
- 화재 진행 도중 검색 작업 진행, 생명이 위험한 사람을 신속하게 발견
- 반드시 2명 이상 대원이 조를 이루어(Two in, Two out) 검색
- 검색 진행 시 화재 건물 내부 상황에 따라 똑바로 서거나 포복
- 포복 자세로 계단을 오를 때는 머리부터, 내려갈 때 다리부터 해야 안전
- 연기와 화재 확산 방지는 아직 불이 붙지 않은 장소의 문은 닫음
- 생존자가 쉽게 빠져나오고 걸려 넘어지는 위험을 줄이려면 계단이나 출입구 복도에 필요하지 않은 장비를 놓지 않기
- 화점 가까운 곳에서 검색 시작, 진입한 문 쪽으로 되돌아가면서 확인, 가장 큰 위험에 빠져 있는 사람에게 가장 신속하게 접근
- 화장실, 욕실, 다락방, 지하실, 베란다, 침대 밑, 장롱 속을 빠짐없이 검색, 먼저 후미진 곳을 검색하고 방의 중심으로 이동
- 단전과 연기로 시야가 방해받으면 현장 지휘관에게 보고해서 조치하고 손

제5장 구조 유형

과 발로 더듬어 가면서 검색
- 어떠한 이유로든 검색이 중지되면 지휘관은 빨리 조치해서 검색 재개

○ 2차 검색(Secondary Search)
- 화재가 진압되어 위험 요인이 다소 진정된 후 진행, 생존자를 발견하고 혹시 존재할지 모르는 사망자 확인
- 2차 검색은 신속성보다는 꼼꼼함이 중요(새로이 확인되는 사항 즉시 보고)
- 고층빌딩 검색은 불이 난 층, 바로 위층, 최상층이 가장 중요

○ 복도, 통로, 작은 방
- 중앙 복도를 사이에 두고 방이나 사무실이 늘어진 곳은 복도 양쪽 모두를 검색할 수 있도록 편성
- 첫 번째 방에 들어간 구조대원은 한쪽으로 방향을 잡고 입구로 다시 돌아 나올 때까지 계속 벽을 따라 진행
- 구조대원이 처음 들어갔던 입구로 나와야 성공적 검색, 요구조자를 발견해 안전한 곳으로 이동하거나 다른 요인으로 중간에 방에서 나와야 할 때는 들어간 방향을 되짚어서 나오기
- 작은 방이 많은 곳을 검색할 때 적절한 방법은 한 대원이 검색하는 동안 다른 대원은 문에서 대기, 서로 어느 정도 지속적인 대화가 이루어져야 방향 잡기 수월
- 검색 대원은 문에서 기다리는 대원에게 과정을 계속 보고, 해당 방의 검색이 완료되면 두 대원은 복도에서 합류하고 방문을 닫은 후 문에 검색 완료 표시, 옆 방을 검색하는데 이때는 각 대원의 역할을 바꾸어 진행

- 비교적 작은 방을 검색할 때 이 방법은 두 명이 함께 검색할 때보다 신속

○ 건물 탐색 시 안전
- 로프는 대표적 구조 장비로 유도 로프는 어둡고 극히 위험한 상황에서 탈출로를 안내, 조명기구, 무전기, 파괴 도구, 기타 개인보호장비(공기호흡기 등)를 구비
- 화재로 손상된 마루, 천장, 엘리베이터 통로, 계단 등이 위험 요소
- 문을 열 때는 특히 주의해야 하며 문의 맨 위쪽과 손잡이를 점검, 만약 문이 뜨겁다면 방수 개시 준비 전까지 문을 열지 않기
- 문을 열 때는 문의 정면에 위치하지 말고 한쪽 측면에 서서 몸을 낮추고 천천히 문을 개방, 문 뒤에 화재가 발생했다면 몸을 낮춰서 열기와 연기가 머리 위로 지나도록 자세 유지
- 안쪽으로 열리는 문이 잘 열리지 않는다면 요구조자가 문 안쪽에 쓰러져 있을 가능성도 있으므로 강제로 문을 열지 말고 천천히 조심스럽게 개방하고 그 앞에 요구조자가 있는지 확인

○ 갇혔거나 길을 잃은 경우[60]
- 대원이 화재 건물에 갇히거나 길을 잃으면 침착성 유지가 무엇보다 중요
- 흥분과 공포는 공기를 과도하게 소모
- 적어도 출구를 찾거나 적어도 화재 현장을 벗어날 출구는 발견
- 다른 대원이 들을 수 있도록 큰 소리로 도움 요청(인명구조 경보기, PASS)
- 창문이 있다면 창턱에 걸터앉아서 인명구조 경보기를 작동, 손전등을 사

---

[60] David W. Dodson, 2020

제5장 구조 유형

용하거나 팔을 흔들어서 지원 요청, 창문 밖으로 물건을 던져서 구조를 요청할 수 있지만 방화복이나 헬멧 등 보호 장비를 던지지 말기
- 붕괴 건물에 갇히거나 주변으로 이동할 수 없을 만큼 다쳤다면 생명에 지장이 없는 장비를 포기

○ 혼자서 탈출해야 하는 경우
- 혼자서 소방호스를 따라가는 이유는 다른 대원이 위치를 알 수 있도록 큰 소리를 외치고 커플링 결합 부위를 찾아서 '숫 커플링'의 방향으로 탈출, 암 커플링 방향은 관창 방향이라서 화점에 근접
- 소방호스를 찾지 못하면 한쪽 벽에 도달할 때까지 똑바로 기어가고 벽을 따라서 한 방향으로 진행하며 도중에 방향을 바꾸지 않음(가능하면 벽이나 창문 파괴)
- 더 이상 움직일 수 없거나 의식이 흐려지면 랜턴이 천장을 비추도록 놓고 출입문 가운데나 벽에 누워서 발견을 쉽게 하며 구조대원은 벽을 따라서 진입하므로 벽 주변에 있으면 발견이 쉽고 벽이 음향을 반사해서 인명구조경보기 가청효과 극대화

○ 공기호흡기 이상인 경우
- 공기호흡기 고장이나 공기 과도 소모는 매우 위험한 상황 초래
- 당황하면 호흡이 빨라지고 공기소모량이 많아지므로 일단 동작을 멈추고 자세를 낮추어 앉거나 엎드리기
- 공기소모량 최소화에 건너뛰기 호흡법(Skip Breathing)은 먼저 평소처럼 숨을 들이쉬고 내쉬어야 할 때까지 숨을 참고 있다가 내쉬기 전에 한 번 더

들이마신다. 들이쉬는 속도는 평소 같이 하고 내쉴 때는 천천히 해서 이산화탄소 농도를 조절
- 대원이 고립 시 가장 오래 버틸 수 있는 '카운트 호흡법'은 숨을 들이마시고, 참고, 내뱉기를 각각 5초간씩 한다는 방법
- 양압조정기 고장으로 공기 공급이 중단되면 바이패스 밸브를 열어 직접 공급되도록 하며 공기를 마시고 닫은 다음에 다음번 호흡에 다시 개방

소방시설 점검 표준 매뉴얼 제 9편 : 공기호흡기(서울소방)
https://youtu.be/Ox0vDIMmtyU?si=fAMXCDVGVF8KO6jf

2. 감금 또는 끼임 사고 구조[62]

■ 내부에서 자물쇠가 잠겨 감금된 경우

○ 단순히 출입구를 열면 상황 종료
- 실내 긴급한 환자가 있거나 자살·자해 기도, 강도·절도범이나 인질 범죄 등 특이상황 시 요구조자의 심리적 안정, 병원 이송, 경찰 등 관계 공무원 협조 필요
- 어느 경우나 안전사고 대비 구급대가 동시에 출동

---

61 중앙소방학교, 2017: 215-219

제5장 구조 유형

○ 단순한 내부 진입
- 사무실 또는 아파트 등에서 단순 감금은 관리실 마스터키를 사용해 개방
- 전문 열쇠 수리공에게 의뢰하는 방법도 고려, 상황이 긴급하여 자물쇠나 출입문을 파괴할 때는 경첩 부분을 파괴해서 가장 재산 손실이 적은 방법을 선택
- 현관문 파괴기나 에어건을 이용하면 실내에 거주하는 사람 안전에 유의
- 진입 장소가 3층 이하면 아래층에서 사다리 사용 진입을 우선 고려
- 사고 장소가 고층이면 인접 방에서 베란다를 따라 진입하거나 상층에서 로프하강을 할 수 있으나 진입 부분(주로 베란다 측 창문)이 잠겨있지는 않은지 잠겨있다면 어떻게 열고 진입할 것인지 충분히 검토

○ 특이 상황 대처
- 진입하고자 하는 실내에 정신이상이나 자살기도자 등 심신이 불안한 요구조자가 있다면 충분한 대화로 구조대원이 내부에 진입한다는 사실을 알림
- 정신과 전문의 등 관련 전문가의 설득 작업도 필요
- 범죄 관련된 상황은 반드시 경찰관 입회와 진입 요청이 있어야 하며 현장에 출동한 구조대장은 상급 지휘관에게 보고
- 내부에 환자 등 요구조자가 있으면 신속히 병원으로 이송, 만약 거동이 불편한 환자가 있는데 내부 계단이나 엘리베이터 이용이 불가능하면 곤돌라를 이용하거나 고가·굴절 사다리차 지원

■ 신체가 끼는 사고

○ 출입문, 놀이시설, 기계 등에 신체 일부가 끼이면 상황이나 내용에 따라서 벌리거나 절단, 파괴, 해체 등 적절한 방법을 선택
  - 요구조자가 어린이라면 부모, 군중까지 감정이 흥분되므로 냉정하게 판단하고 행동하며 어린이는 신체 고통과 함께 정신적 충격도 크기 때문에 보호자가 구조 활동 과정에 참여해서 안정
  - 하수도관 등에 끼어 빠지지 않으면 요구조자 신체에 기름이나 비눗물을 사용해서 자연스럽게 빠져나올 수 있도록 하는 방법
  - 요구조자에게 상해가 없고 가급적 시설물 피해가 적은 방법을 선택
  - 절단이나 제거 과정에서 절단된 물체가 같이 나오거나 지지물이 붕괴될 수 있는 2차 사고도 유의

■ 기계 공작물 사고

○ 자주 발생하는 사고는 기계·기구의 체인, 기어, 롤러 등의 회전 부분에 신체 일부가 끼이는 사고
  - 무작정 신체를 잡아당기거나 기계를 역회전하면 오히려 손상이 커지는 경우
  - 먼저 엔진을 끄거나 전원을 차단하고 부상 정도와 기계 구조를 살피고 안전한 구조 방법 결정

> 제5장 구조 유형

기계에 손목 끼인 근로자…4시간 구조 '진땀'(SBS 뉴스)
https://youtu.be/WYRSaY_uC9Q?si=9rMsZrlOGsYChpwf

3. 자동차 사고 구조[63]

■ 자동차 사고는 출동에 비해 구조 인원이 많으며 다른 사고와 차이

- ○ 현장 접근이 쉽고 활동공간이 넓음
    - 자동차 사고는 대부분 차량과 차량이 충돌해 도로에서 발생

- ○ 많은 출동 장애요인
    - 자동차 사고 발생으로 주변 차량이 정체되어 현장 접근이 지연
    - 출퇴근 시간에 사고가 발생하면 현장 접근이 심각하게 지연

- ○ 사상자 발생
    - 자주 출동하는 사고인 엘리베이터 고장은 요구조자는 많이 발생하나 부상이나 사망은 거의 없으나 교통사고는 대부분 사상자가 발생하고 심각한 상황 전개

---
62 중앙소방학교, 2017: 220-250

○ 2차 사고 발생 위험[63]
- 사고로 차량이 손상되면 연료가 누출되어 화재나 폭발이 발생
- 시야가 확보되지 않고 운전 여건이 좋지 않으면 연쇄 충돌
- 재난 수준의 대형 사고(대중교통, 위험물질 적재 차량)도 고려

■ 자동차 사고 대응

○ 사전 대응
- 구조대원은 신속한 현장 도착 중요, 현장에 늦게 도착하면 시민으로부터 심한 질책을 받을 수 있으며 요구조자를 지켜보는 사람은 1분을 10분 이상으로 인지

○ 도로 상황의 파악
- 평소 관할 구역 내 도로 현황, 병목구간 공사 중 도로, 건설 현장 등 출동에 필요한 도로 현황을 면밀하게 파악

○ 교통과 현장 파악
- 구조대는 거리 최단 경로 출동이 아니라 최소 시간으로 현장 접근 경로 선택
- 모든 대원에게 사고 차량 유형, 대수, 사상자의 수, 부상, 위험물이 적재된 차량이 있는지, 특별한 사전 조치 필요성을 미리 전달
- 장소, 대상 : 자동차 사고인가? 복합 사고인가?

---

[63] 박경환, 2018

제5장 구조 유형

- 차량 상태 : 충돌, 추돌, 전복인가? 화재가 발생했는가?
- 요구조자 상황 : 요구조자는 몇 명인가? 사상자가 있는가? 부상자는 심각한가? 차량에 깔리거나 끼인 사람이 있는가?

○ 출동 중 조치
- 도로 상황 : 교통량, 도로 폭, 도로 포장
- 지형 : 높은 곳, 낮은 곳, 지반 강약, 주변 가옥 밀집도
- 철도 관련 사고는 역내 여부, 고가 궤도 또는 지하철 여부, 고압선 차단, 환기시설 상태 주목

○ 구출 장비
- 유압 구조 장비(유압 전개기, 유압절단기, 유압 램)는 큰 힘을 발휘하면서도 유압 엔진과 작동 부분이 분리되어 진동이나 압력이 차체나 요구조자에게 영향을 주지 않음(문 해체, 계기판 신체 압박 해소, 차체 절단 또는 파괴 분해에 사용)
- 에어백 세트는 휴대와 사용이 간편하며 압축공기로 작동되어 안전성이 높고, 고중량의 물체를 들어 올려서 전복된 차량을 고정하거나 압착된 부분을 벌릴 때 사용
- 이동식 윈치는 휴대와 설치가 간편하고 계기판이나 페달의 신체 압박 해소
- 동력절단기 또는 가스절단기는 손상된 차량 부근에서 불꽃이 발생하는 장비를 사용하면 누출된 연료에 불이 붙거나 요구조자에게 화상을 입힐 우려
- 차량 인양은 전복된 차량 내에 요구조자가 있을 때 차량을 복구하지 말고 인명구조 먼저 실시, 수중 전복 차량은 인양 장비를 동원하고 크레인이나 견인차 이용

○ 구조차량 주차
- 사고 현장에 도착 후 구조 차량을 조심스럽게 주차, 구조대원이나 장비가 쉽게 도달할 수 있을 만큼 가깝게 다가서도록 조치
- 구조차량은 지나가는 차량으로부터 현장을 보호하는 역할, 후속 차량이 구조차량 경광등을 보고 사고를 인식할 수 있도록 사고 장소의 후면에 주차, 다른 차량의 흐름을 막지 않도록 최소한 1개 차로 통행로 확보
- 직선도로는 구조대원이 활동할 수 있도록 15m 정도의 공간을 확보하고 주차
- 칼라콘 등으로 유도 표지 설치, 경광봉을 들고 경계 요원 배치
- 유도 표지 설치 범위는 도로 제한속도와 비례(시속 80km인 도로에서 사고가 생기면 그 지점의 후방 15m 정도에 구조 차량 주차, 후방으로 80m 이상 유도 표지를 설치)
- 곡선도로는 곡선 부분을 지나서 주차하면 통행 차량이 직선 구간에서는 구조차량을 발견하지 못하고 회전한 직후 구조 차량과 마주해서 추돌사고 발생, 구조차량은 최소한 곡선구간이 시작되는 지점에 주차

○ 교통 통제와 확인 사항
- 교통사고 현장에서 차량을 통제하면 부상자와 구조대원을 2차 충돌 사고로부터 보호해야 하므로 현장 도착 즉시 시행
- 다른 차량에게 위험성이 있는가?
- 어떤 차종에서 발생한 사고며 얼마나 많은 차량이 사고와 관련되었는가?
- 차량이 흩어져 있는 정확한 위치는 어디며 차량의 손상 정도는 어떠한가?
- 화재가 발생했는가? 잠재적 화재위험이 있는가?

> **제5장** 구조 유형

- 유독물이나 폭발물 등 다른 위험물질이 있는가?
- 차량 엔진이 동작 중인가? 전기나 누출된 가스 위험 요인은 없는가?
- 추가 구조 장비나 물자가 필요한가?

■ 구조작업 상황 파악

○ 사고 차량 확인
- 구조대원은 사고 현장에서 어떤 조치 전에 정확한 상황판단 필요
- 차량별 1명씩 전담 구조대원을 지정하면 좋으나 구조대원이 부족하면 구조대장이 대원에게 조사 차량과 주변 지역을 명확히 지정해 주고 보고 받기
- 대원이 각 차량을 확인하는 동안 제3의 구조대원이 현장 주변 지역 수색
- 요구조자 상태 파악에서 구급대원이나 응급처치 구조대원은 요구조자의 부상 정도, 갇힌 상태를 등급별로 분류하고 구조대장은 그 분류에 따라 구조 우선순위를 결정
- 대부분 중상자가 경상자보다 우선이지만 화재가 발생했거나 생명을 위태롭게 할 다른 요소가 있다면 그 차량의 탑승자를 최우선 구조

○ 사고 차량의 안정화
- 현장 파악이 완료되면 사고 차량이 움직이지 않도록 고정
- 가장 적절한 고정 방법은 바퀴에 고임목 설치, 차량과 지면 사이에는 단단한 버팀목을 대면 차량의 흔들림 최소화
- 대부분 사고 차량은 똑바로 서 있으나 차량 바퀴가 모두 지면에 닿아있다

고 하더라도 고정 작업은 필요, 차량이 평평한 지면 위에 있다면 바퀴 양쪽 부분에 고임목을 대서 고정, 경사면에 놓인 차량은 바퀴가 하중을 받는 부분 고임목 설치
- 사고 차량이 상하 또는 좌우로 흔들리면 에어백, 버팀목, 로프 등을 이용
- 에어백은 전복 차량 지탱에 사용하나 어떤 물체든 에어백만으로 지탱은 불가
- 버팀목은 사각형 나무토막을 상자처럼 쌓아 올려서 차량 고정

■ 차량 위험 요인 제거

○ 누출된 연료 처리
- 모든 연료가 안전하게 처리될 때까지 차량 주변에서 화기사용 엄금
- 액체 연료는 모래나 흡착포로 연료 흡수
- 기체 연료는 매우 적은 농도에서도 폭발할 수 있으므로 화기사용을 금지하고 대피, 급한 경우는 고압 분무 방수를 활용해 가스를 바람 부는 방향으로 희석
- 에어백은 차량에 충격이 생기면 돌발 작동해서 구조대원이나 요구조자에게 위협이 될 수 있으므로 배터리 케이블 차단 후 잠시 대기
- 배터리 전원을 차단은 (−) 선부터 차단, 전선이 차체에 닿으면 스파크 발생

제5장 구조 유형

■ 유리창 파괴와 제거

○ 보통 차량의 문을 열고 유리를 파괴하고 차체를 절단하는 과정으로 작업
   - 유리창을 파괴하기 전에 요구조자를 모포나 방화복 등으로 감싸서 부상 방지
   - 파편이 튀지 않도록 보호조치, 구조대원은 헬멧, 보안경, 장갑 착용

○ 안전 유리(Safety Glass)
   - 유리판 두 장을 겹치고 사이에 얇은 플라스틱 필름을 삽입 접착
   - 차량 전면 방풍유리(Wind Shield)에 사용되며 일부 차량은 뒷유리창에 사용

○ 강화 유리(Tempered Glass)
   - 열처리 강화 유리는 측면 유리창과 후면 유리창에 사용
   - 충격을 받으면 유리면 전체에 골고루 금이 가도록 열처리(조각으로 분쇄)

○ 파괴 장비
   - 센터펀치는 스프링이 장착된 펀치로 열처리 유리를 파괴할 때 사용
   - 차 유리절단기는 톱날 부분으로 안전유리를 잘라서 제거, 도구 뒷부분으로 유리창 모서리에 충격을 주고 구멍을 뚫고 톱날 부분을 넣어 자르기

○ 전면 유리 제거
   - 파괴 도구로 내려쳐서는 유리창을 파괴할 수 없고 차 유리 절단기를 사

113

용해서 유리창을 톱으로 썰어내듯 절단, 이 장비가 없다면 손도끼를 이용 절단
- 차 유리 절단기 끝부분으로 전면 유리창의 양쪽 모서리를 내려쳐서 파공
- 유리창의 세로면 양쪽을 아래로 길게 절단, 절단된 세로 면에 연결된 맨 아래쪽을 절단, 절단 과정에서 차 위에 올라서거나 손으로 유리창을 누르지 말기
- 유리창 절단이 완료되면 유리창의 밑부분을 부드럽게 잡아당겨 위로 젖히면 유리창은 자연스럽게 벌어져서 차 지붕 위로 젖혀 올릴 수 있음

○ 측면 유리 제거
- 모서리 부분을 날카롭고 뾰족한 도구로 강하게 치면 쉽게 파괴
- 센터펀치를 사용하면 한 손은 버팀대 역할을 해서 구조대원 손이 유리창 안으로 들어가지 않도록 조심
- 유리창이 요구조자나 구조대원에게 손상을 입히지 않도록 유리창에 테이프를 붙이거나 끈끈이 스프레이를 뿌리면 효과

○ 문틈 벌리는 방법
- 문이 열리지 않으면 유압 전개기를 이용해 차 문을 강제로 벌리는 방법
- 차량 손상을 줄이려면 부득이 지렛대, 도끼, 헬리건 바(Halligan-type bar) 등을 문틈에 넣고 비틀어 전개기 끝이 들어갈 수 있을 만큼 틈새를 확장

○ 도어 절단 방법
- 차량이 많이 손상되었거나 요구조자가 부상이 심하면 절단 제거

제5장 구조 유형

- 유압펌프는 동시에 2개 장비를 연결 사용
- 앞문 경첩은 휀다(fender, 바퀴를 덮고 있는 부분)에 가려져 있으므로 전개기로 휀다를 압축하면 찌그러지면서 경첩이 노출, 이 틈새에 다시 전개기를 넣어 절단기가 들어갈 수 있을 만큼 충분히 벌리기
- 차문 경첩이 노출되면 절단기를 넣어 절단, 장비에 강한 힘이 가해지므로 대원은 균형을 잘 유지
- 경첩, 전선, 기타 부분을 절단하면 문을 떼어낼 수 있음

○ 지붕 제거하기
- 차 지붕 전체를 들어낼 때는 유리창을 먼저 제거
- 문을 열면 차체를 둘러싸고 있는 부위를 필러(Pillar) 판넬이라고 부르며 앞문 쪽 A필러, 가운데 부분 B필러, 뒷문 쪽 C필러
- 먼저 지붕 위에 절단된 앞 유리창이 올려져 있거나 기타 장비가 있으면 완전히 제거, 절단기로 A필러와 B필러를 모두 절단, 필러는 차에 바짝 붙여 절단하는 것이 유리
- 기둥이 남아있으면 구조작업에 장애, 절단기로 뒷좌석 부분의 지붕 좌우를 조금씩 잘라주고 두 명의 대원이 옆에서 지붕을 잡아 뒤로 젖히면 쉽게 접힘
- 계기판(Dash Board or Center Fascia)은 차량이 강한 정면 충격을 받으면 계기판이 밀려 들어와 운전자 또는 탑승자를 압박하는데 유압 램을 이용해 밀어내기

○ 구출과 이동
- 응급처치는 계속 진행, 구출 작업이 약간 지연되어도 응급구조사가 구조 과정에 참여해서 부상 정도 확인
- 구출은 요구조자에게 접근해 응급처치를 완료하고 환자 상태가 안정된 후에 실시, 외상이 없더라도 반드시 경추와 척추 보호대 착용

승용차 일반사고 차량 하부 요구조자 구조 교육영상(서울소방)
https://youtu.be/eqo667PSqNk?si=FBjqZyD7bkzeKr2S

나. 수난 사고 구조[65]

■ 한국은 잦은 수난사고 발생으로 생존자 구조보다 실종자 수색에 초점

○ 방파제나 다리에서 추락, 수영 미숙, 차량 수중 침수, 선박 좌초 등이 다수[65]

○ 도구를 이용한 신체 연장
- 요구조자와 거리가 멀어서 손으로 붙잡기 어려우면 주위에 있는 물건 중 팔의 길이 연장에 도움이 되는 도구를 이용(옷을 벗어 로프 대용)

---
64 중앙소방학교, 2017: 251-297
65 해양경찰청, 2022

제5장 구조 유형

○ 인간사슬 구조(The human chain)
- 다수 구조대원이 손을 맞잡고 물에 빠진 사람을 구조하는 방법으로 물살이 세거나 수심이 얕아 보트 접근이 불가능한 장소에서 적합
- 4~5명 또는 5~6명이 서로 팔목을 잡아 쇠사슬 모양으로 길게 연결
- 손바닥이 아니라 각자의 손목 위를 잡아야 연결이 끊어지지 않음
- 인간사슬 상태에서 이동할 때는 물속에서 발바닥을 끌면서 이동

○ 구명환과 로프
- 요구조자는 수중에서 부력을 받고 있으므로 구명환에 연결하는 로프는 일반구조용 로프보다 가늘어도 사용 가능
- 구명환을 던질 때 풍향이나 풍속을 고려

○ 구조 튜브(Rescue Tube)
- 부력이 높은 재질로 튜브처럼 만들어 요구조자가 붙잡고 떠 있는 장비
- 맨몸으로 수영보다 속도는 느리지만 안정적 구조
- 요구조자가 멀리 있을 때 끈을 이용해서 구조대원의 어깨 뒤로 메고 다가서며 자유형과 평영 모두 사용
- 의식이 있는 요구조자에게 앞에서 튜브를 내주는 방법
- 의식이 없는 요구조자에게 뒤로 돌아 접근해서 튜브를 구조대원의 앞에 두고 겨드랑이에 끼우며 구조대원이 요구조자의 양 겨드랑이를 아래서 위로 잡아 감고 튜브가 두 사람 사이에 꽉 끼이도록 조치, 요구조자를 뒤로 젖혀 수평 자세를 유지, 배영의 다리 차기를 이용 이동

○ 구조 로켓
- 손으로 던질 수 있는 거리보다 먼 경우는 구조 로켓을 이용
- 구명조끼나 목재 등 물에 뜰 수 있고 주변에서 구할 수 있는 물체 연결

○ 구명 보트
- 기본적으로 구조대원은 구명보트 조작 요령 완벽히 숙지
- 보트는 바람을 등지고 접근, 요구조자가 흘러가는 방향으로 따라가면서 구조
- 너무 가까이 접근하지 말고 먼저 구명환 또는 노를 건네주기
- 작은 보트 전복 우려가 있으므로 전면이나 후면으로 끌어올리기
- 모터보트는 전면이나 측면으로 끌어올리기(무게 중심 잡기)

○ 요구조자가 가라앉은 경우
- 물에 빠진 사람이 가라앉았다고 해서 즉시 사망하지 않음
- 회복 가능성은 구조와 응급처치 신속성과 비례(즉시 심폐소생술 시행)

○ 요구조자 수색요령
- 목격자로부터 발생 위치를 듣고 목격자 위치와 육지 목표물을 선으로 그어서 그 선의 교차 지점을 수색 중심으로 설정
- 수색 범위를 X자 형태로 세밀히 수색, 요구조자가 가라앉아 있다고 예상되는 구역에 접근해 수면에 올라오는 거품이나 부유물 탐색, 검은 바닥이면 요구조자의 사지가 희미하게 빛나 상당히 깊은 수중에서 물에 빠진 사람 찾기 가능, 모래는 요구조자의 검은 머리털이나 옷 색깔을 보고 찾을

제5장 구조 유형

수 있다.

○ 신체 회수(Body Recovery)
 - 신체 비중이 물의 비중보다 커지면 물밑으로 가라앉고 부패로 생긴 가스로 부력이 체중보다 커서 수면으로 다시 상승
 - 수온이 대단히 낮은 호수는 시체가 떠오르지 않는 일도 발생

119구조대가 알려주는 수난사고 대응방법(전북소방)
https://youtu.be/E4qtnvFvP-0?si=r29eSXqW_qpCEUIf

■ 구조대원이 도구 없이 직접 구조할 때는 신중하게 시도

○ 의식 있는 요구조자
 - '가슴 잡이'는 구조대원은 요구조자의 후방으로 접근해서 오른손을 뻗어 요구조자 오른쪽 겨드랑이를 잡아끌면서 위로 올려서 요구조자 자세가 수평 유지
 - 동시에 구조대원 왼팔은 요구조자의 왼쪽 어깨를 나와 오른쪽 겨드랑이를 감아서 힘찬 다리 차기와 함께 오른팔의 동작으로 요구조자를 수면으로 올리며 이동
 - 요구조자가 물 위로 많이 올라올수록 구조대원이 물속으로 많이 가라앉아 호흡이 어려울 수 있음을 유의

○ 의식 없는 요구조자
- '한 겨드랑이 끌기', '두 겨드랑이 끌기', '손목 끌기'는 요구조자가 수면 또는 수중에 모두 활용
- 요구조자가 수면과 수평을 유지하고 횡영 동작 이동

○ 요구조자로부터 이탈
- 함께 물속에 빠지지 않으려면 이탈 방법 숙지
- 요구조자가 구조대원을 잡으려고 할 때 구조대원은 요구조자로부터 머리를 멀리하고 물속으로 들어가서 한 손이나 두 손을 이용하여 요구조자 가슴을 완전히 펴진 손으로 밀어내고 구조대원은 '풀기'를 적극 시도

■ 빙상(氷上) 사고 구조[66]

○ 빙상 사고는 해빙기 얼음이 깨지면서 익수(submersion)
- 얇은 얼음 범위가 넓어 접근이 어려우면 복식 사다리 이용
- 사고 현장에 접근하는 모든 구조대원은 건식 잠수복 또는 구명조끼 착용
- 자세는 사다리 하단부를 복부로 누른 상태로 다른 구조대원은 사다리를 지지하며 최대한 얼음과 접촉하는 면적을 넓게 해서 얼음이 깨지지 않도록 주의
- 사다리를 2단까지 펼쳐도 요구조자에게 닿지 않으면 구명환을 요구조자에게 던져 당긴 후 요구조자가 사다리 위로 나올 수 있도록 조치
- 요구조자 상태가 나빠서 스스로 사다리 위로 오를 수 없으면 구조대원이

[66] 채진·임동균, 2021

제5장 구조 유형

직접 사다리 위로 접근 구조
- 두꺼운 얼음은 신속한 접근이 가장 중요, 반드시 구명 로프를 연결한 구명환 등의 구조 장비를 휴대 접근, 아이젠 착용 필수

앗 하는 순간 풍덩! 빙판사고 대처 이렇게(연합뉴스TV)
https://youtu.be/r6XZK_Dp7Lk?si=B-xMs-z78xVzZLn0

■ 수중 구조 기술[67]

○ 잠수 물리
- 밀도란 단위 부피에 대한 질량의 비율(물의 밀도는 약 $9,800 N/m^3$, 공기 밀도는 약 $12 N/m^3$), 높은 밀도 때문에 많은 저항을 받아 체력 소모 심각
- 물속에서 빛의 굴절로 물체가 실제보다 25% 정도 가깝고 크게 보임
- 색깔은 수심이 깊어질수록 흡수되며 수중은 대기보다 소리가 4배 정도 빠르게 전달되어 소리 방향을 판단하기 어려움(손짓, 수중 통화장치 등을 활용)
- 물은 공기보다 약 25배 빨리 열을 전달(쉽게 추워짐)
- 일반적으로 해수면에서 기압은 대체로 높이 10.33m, 밑면적 1㎠인 물(담수)기둥 밑바닥이 받은 압력과 동일, 사람이 수중으로 들어가면 기압과 수압을 동시에 받음(수중에서 실제로 받는 압력은 절대압), 물속 10m는 2기압 상태
- 부력은 부피에 해당하는 물의 무게만큼 뜨는 성질
- 무게가 물속에서 차지하는 부피에 해당하는 물의 무게보다 가벼우면 물에

---
[67] 이원태·오수일·서길준, 2019

뜨는 양성부력, 물의 무게보다 무거우면 가라앉으면 음성부력, 뜨지도 가라앉지도 않을 때 중성부력(부력 조절)
- 바다에서 수심 10m(33피트)마다 1기압씩 증가, 물속 압력과 같은 압력의 공기로 호흡, 수심 20m에서 사람은 수면보다 3배나 많은 공기를 호흡에 사용(수면에서 1분에 15ℓ의 공기가 필요하면 20m에서는 45ℓ의 공기 필요)

○ 잠수 장비 구성
- 수경(Mask)은 반드시 코가 들어가 수경 압착 방지를 할 수 있는 것으로 선택
- 숨대롱(Snorkel)은 공기통 공기를 아끼고 물밑을 관찰(건조 보관)
- 오리발(Fins)은 물에서 기동성을 높여주고 최소 노력으로 많은 추진력을 제공
- 잠수복(Suit)은 물속에서 열 손실이 빨라서 체온 보호 필요, 몸을 보호하고 잠수복이 양성부력이므로 체력 소모 억제, 신체와 잠수복 사이에 물이 들어오는 습식(wet suit)과 물을 완전히 차단하는 건식(dry suit)으로 구분
- 보편적으로 수온이 24℃ 이하는 습식잠수복, 수온이 13℃ 이하로 낮아지면 건식잠수복
- 모자(Hood), 신발(Booth), 장갑(Glove)은 차가운 물 속에서 반드시 보온 중요
- 중량벨트(Weight Belt)는 웨이트(weight)라고 부르며 자신에게 알맞은 중량벨트의 선택은 모든 장비를 착용한 상태에서 눈높이에 수면이 위치하도록 하고 호흡해도 수면이 눈높이에서 크게 이탈되지 않고 아래위로 움직임을 알 수 있음

제5장 구조 유형

- 부력조절기(BC, Buoyancy Compensator)는 수면에서 휴식할 수 있게 양성 부력 제공, 비상시 구조 장비 역할, 부력조절기 안에 공기를 넣어주면 자유롭게 부력 조절
- 공기통(Tank)은 실린더(Cylinder), 탱크(Tank) 등 다양한 명칭이며 고압에서 견딜 수 있고 가벼운 소재로 제작되며 알루미늄 합금 많이 사용, 수압 검사는 처음 구입 후 5년, 이후 3년, 육안검사는 1년마다 권장, 운반 또는 보관 시 공기통 손상 주의, 장기간 보관할 때 공기통에 공기를 50bar로 압축해서 세워두기
- 호흡기(Regulator)는 공기통에서 나오는 공기를 주변 압력과 같게 조절하는 장치, 호흡기는 2단계에 걸쳐 압력 감소, 1단계는 탱크 압력을 9~11bar(125~150Psi)까지 감소, 중간 압력은 두 번째 단계를 거쳐 주위 압력과 같아지며 비상용 보조 호흡기는 옥토퍼스(Octopus)라고 지칭(모든 장비는 사용 후 깨끗한 물로 씻어 건조)
- 호흡기는 1년 한 번 정도는 전체 분해 후 청소, 소모품 교환을 하는 일명 오버홀(overhaul) 권장
- 압력계(Pressure Gauge)는 필수 장비, 공기통에 남은 공기 압력을 측정
- 수심계(Depth Gauge)는 주변 압력을 측정해서 수심 표시, 현재 수심과 가장 깊이 들어간 수심을 나타내는 바늘이 2개(수심은 m 또는 Feet로 표시)
- 나침반(Compass)은 수중에서 방향을 찾을 때 사용
- 다이브 컴퓨터(Dive Computer)는 최대 수심과 잠수 시간을 계산해서 감압 정보를 제공, 최대 잠수가능 시간과 비교하여 현재의 공기압으로 활동 가능시간을 나타내며 기타 잠수에 필요한 여러 가지 정보를 제공한다.

○ 수중 활동 주의 사항
- 압력평형은 잠수 중 변화하는 수압에 적응할 때 신체 또는 장비와 공간에 들어 있는 기체 부분의 압력을 수압과 맞춰주는 것으로 '이퀄라이징'(Equalizing) 또는 '펌핑'이라고 지칭
- 귀의 압력 균형은 하강이 시작되면 곧 코와 입을 막고 가볍게 불어 주고 압력을 느낄 때마다 수시로 불고 숙달되고 나면 마른침을 삼키거나 턱을 움직여 압력 평형을 맞추면 좋음
- 압력평형이 잘되지 않으면 약간 상승해서 다시 시도, 무리하게 잠수하면 고막 손상, 상승 중 절대로 코를 막고 불어 주면 안되므로 주의
- 수경압착은 수압을 받아 수경이 얼굴에 밀착되어 통증을 느끼는 경우로 수경 테두리를 가볍게 누르고 코로 공기를 불어 넣기
- 반드시 장비 점검 후 하강 속도 조절, 부력 조절, 압력평형 능력을 키워서 급하강 또는 급상승 방지, 반드시 2인 1조로 짝을 이루어 잠수, 수시 공기량 확인, 공기량 등을 남긴 채 잠수 종료(수면 도착 50bar가 남도록 계획)
- 잠수 활동을 끝내고 상승할 때 시간과 공기량을 확인하고 짝에게 상승하자는 신호를 보내고 머리를 들어 위를 보며 오른손을 들어 360° 회전하면서 주위 위험물을 살피며 천천히 상승
- 상승 중 부력조절기 내 공기와 잠수복이 팽창해서 부력이 증가하므로 왼손으로 부력조절기의 배기 단추를 잡고 위로 올려 공기를 조금씩 빼면서 분당 9m(6초에 1m를 초과하지 않는 속도)로 상승
- 상승 시 정상 호흡, 비상시 상승 때 숨을 내쉬기, 자기가 내쉬는 공기 방울 중 작은 기포가 올라가는 것보다 느리게 상승, 수면에 가까워질수록 속도를 줄이기, 수심 5m 정도에서 항상 5분 정도 안전 감압 정지를 마치

제5장 구조 유형

고 상승

사망에 이르게 하는 잠수병 원인과 대처법은?(YTN 사이언스)
https://youtu.be/g9evV7siG44?si=a6m15FmB_KeSyOjC

■ 안전사고 발생원인

○ 건강 문제
- 일시 건강 문제가 있으면 잠수 활동 연기
- 체온저하는 따뜻한 물조차 사람에게 열을 빼앗아 가므로 신체는 많은 에너지가 필요하고 근육 작용 둔화 유발
- 피로는 근육 긴장으로 이어져 경련을 일으키고 잠수 활동 전체에 지장

○ 얽힘 등 문제
- 얽힘은 물속에서 큰 문제가 아니나 해초나 줄(그물)을 조심
- 날씨와 물의 상태가 좋을 때 안전하게 잠수
- 부력 조절 실패는 수중에서 중성부력 조절 실수, 수면으로 올라온 후 양성부력 확보 실패 등이 있음
- 물속에서 수면으로 상승 중 문제 발생(상승 속도 분당 9m 유지)
- 부력 조절은 부력조절기 등의 도움으로 유지되나 비상시 중량벨트를 떨어뜨려 양성부력 시도
- 불안과 스트레스 등이 있을 수 있으며 공기 공급량을 항시 확인

■ 긴급 상황 조치

○ 비상 수영 상승
- 수중에서 호흡기가 모두 고장 또는 공기가 떨어졌을 때 안전하게 수면으로 상승하는 방법이며 수심이 얕을수록 쉬움(보통 15~20m 이내)
- 에너지 소비하지 않고 상승하는 마음가짐, 천천히 올라오면 좋으나 상승 중에는 폐에서 팽창되는 공기가 저절로 빠져나갈 수 있도록 고개를 뒤로 젖혀 기도를 열기
- 오른손은 위로 올리고 왼손은 부력조절기 배기 단추를 눌러 속도를 줄이며 상승 중에 '아'하고 소리를 계속 작게 내면 적당량 공기가 폐에서 방출, 호흡기는 입에 계속 붙여야 깊은 곳에서 나오지 않던 공기가 외부 수압이 낮아지면 조금 나올 수 있음(상승 중 5m마다 한 번씩 호흡기로 호흡)
- 수면까지 올라갈 수 없거나 올라오는 속도를 높이고 싶으면 중량벨트를 풀기
- 수면에 도달하면 몸을 뒤로 눕혀서 안정

○ 비상용 호흡기(OCTOPUS) 상승
- 수중에서 공기가 떨어진 짝의 도움을 받아 상승하는 방법
- 공기가 떨어지면 즉시 신호를 보내어 위급 상황을 알리고 비상용 호흡기로 공기 공급 요청, 공급자는 요청자의 오른손 부력조절기 어깨끈을 오른손으로 붙잡아 멀어지는 것을 방지하고 부력 조절에 신경 써서 급상승 방지

○ 짝호흡 상승
- 수심이 깊고 짝이 비상용 호흡기를 가지고 있지 않으면 한 사람의 호흡기

> ### 제5장 구조 유형

로 두 사람이 교대로 호흡하면서 상승하는 방법, 공기를 주는 사람이 계속 호흡기를 잡고 있어야 하며 호흡은 한 번에 두 번씩만 쉬기
- 호흡을 참을 때는 계속 공기를 조금씩 내보내면서 상승

○ 자신을 지키는 방법
- 멈춤 → 생각 → 조절, 불필요한 장비 버리기
- 수면에서 부력조절기 팽창
- 수면에서 허우적거리면 부력조절기 팽창 후 중량벨트 버리기
- 수면에 떠서 의식이 없는 사람에게 빨리 다가간 후 부력조절기에 공기 넣기, 대부분 엎드려 있는 자세로 있으므로 누운 자세로 바꿔주고 중량벨트를 풀기, 호흡이 멈춘 상태면 수경과 호흡기를 벗고 인공호흡을 시작
- 물속에서 의식이 없으면 신속하게 다가가서 중량벨트를 풀고 머리 부분을 잡고 수면으로 상승, 상승 중 고개를 뒤로 젖혀 폐의 팽창된 공기 배출

■ 잠수계획과 진행

○ 헨리의 법칙
- 압력 대비 기체가 액체 속으로 용해되는 법칙, 용해되는 양과 그 기체가 갖는 압력은 비례(압력이 2배가 되면 2배의 기체가 용해)
- 잠수에서 일정 압력에서 호흡하는 공기 중 질소가 체내조직에 유입되는 과정과 관련
- 잠수할 때마다 몸속으로 다량의 질소 유입, 용해되는 양은 잠수 수심과 시간에 비례하므로 일정량을 초과해 질소가 몸속으로 유입되면 몸속에 포화

된 양의 질소를 배출해야 하므로 상승을 잠시 멈추기
- 감압병은 상승 때 감압 지점에서 감압 시간을 지키지 않으면 걸림

○ 홀데인(John scott Haldane) 이론
- 용해되는 압력이 다시 환원되는 압력의 2배를 넘지 않으면 신체는 감압병으로부터 안전
- 상승 속도는 유입되는 질소 부분 압력이 지나치지 않을 정도 수준 준수

○ 최대 잠수 가능 시간
- 잠수 후 상승 속도를 분당 9m로 유지, 상승 중 감압 정지를 하지 않고 일정의 수심에서 최대로 머물 수 있는 시간은 수심에 따라 제한

○ 잔류질소
- 체내에는 잠수 전보다 많은 양의 질소가 남아 있으므로 호흡해서 12시간이 지나야 배출(재잠수는 잠수한 만큼 시간을 계산해 남은 시간 안에 종료)

○ 잠수 용어
- 실제 잠수 시간은 수면에서 하강해 최대 수심에서 활동하다가 상승을 시작할 때까지 시간
- 잔류 질소군은 잠수 후 체내에 녹아있는 질소의 양(잔류질소)의 표시를 영문 알파벳으로 표기한 것(가장 작은 양의 질소가 녹아있음을 나타내는 기호는 A)
- 수면 휴식 시간은 잠수 후 재잠수 전까지 수면과 물밖에서 진행되는 휴식 시간, 12시간 내 재잠수 계획에서 가장 중요한 점은 휴식 동안 몸 안에 얼

제5장 구조 유형

　　만큼 잔류질소가 남아있는지 중요
- 잔류 질소 시간은 체내 잔류 질소량을 잠수하고자 하는 수심에 따라 결정되는 시간으로 바꾸어 표현
- 재잠수는 잠수 후 10분 이후부터 12시간 내 실행되는 잠수
- 안전정지는 모든 잠수 후 상승 때 수심 5m 지점에서 약 5분간 정지, 이 시간은 잠수 시간이나 수면 휴식 시간 불포함

○ 잠수병 종류와 대응[68]
- 질소마취는 고압의 질소가 인체에 마취를 유발(일반적으로 수심 30m 이상으로 내려가면 가능성), 수심이 얕은 곳으로 올라오면 정신이 온전)
- 산소중독은 산소 부분압이 0.6 대기압 이상인 공기를 장시간 호흡하면 중독, 호흡 기체에 포함된 산소의 최소 한계량과 최대 허용량은 산소의 함유량(%)과는 관계가 없고 산소의 부분압과 관계, 인체의 산소 사용 가능 범위는 약 0.16~1.6 기압 범위로 산소 부분압이 0.16 기압 이하면 저산소증, 산소 분압이 1.4~1.6 기압이 될 때 나타나며 1.6은 'contingency pressure'으로 노출되면 안 되는 부분압
- 반드시 공기를 사용해서 해소(순수한 산소는 사용 금지)
- 탄산가스 중독은 공기를 아끼려고 숨을 참으면서 호흡하거나 힘든 작업 시에 발생하므로 크고 깊은 호흡을 규칙적 실시
- 감압병(Decompression Sickness)은 몸속 질소가 과포화된 상태로 인체 조직이나 혈액에 기포를 형성(이 증세는 80% 정도가 잠수를 마친 후 1시간 이내 발병, 치료법은 재가압(re-compression)으로 '고압 챔버'에 들어가서 압력을 재

[68] 한정민, 2022

조정하는 작업을 실시(특수한 장비가 있는 병원에서만 가능), 예방법은 수심 30m 이상 잠수하지 않으며 상승 시 1분당 9m의 상승 속도 준수
- 공기 색전증(Air Embolism)은 압력이 높은 해저에서 압력이 낮은 수면으로 상승할 때 호흡을 멈추고 있으면 폐속 공기는 팽창하고 폐포 손상 유발, 공기가 폐에서 혈관으로 들어가 혈관 흐름을 막아서 장기에 기능 부전을 유발, 예방법은 부상할 때 절대로 호흡을 정지하지 말고 급속한 상승을 하지 않으며 해저에서 공기가 없어질 때까지 머무르지 말기

○ 수중탐색
- 수중에서 익사자(익사체 포함) 구조 탐색에서 익사 지점을 정확히 알아도 실제 그 지점이 아닌 경우가 대부분
- 구역 범위를 쉽게 인식할 수 있도록 부두, 방파제, 제방, 해안선 등의 지물을 기준으로 직사각형이나 정사각형으로 설정
- 가장 간단한 탐색은 아무런 장비나 도구 없이 실시
- 등고선 탐색은 수심과 위치를 비교적 정확하게 알고 있을 때 사용
- U자 탐색은 구역을 'ㄹ'로 탐색, 장애물이 없는 평평한 지형
- 소용돌이 탐색은 비교적 큰 물체에 적합, 탐색 구역 중앙에서 출발해서 이동 거리를 조금씩 늘려가면서 매번 한 쪽 방향으로 90° 회전
- 줄을 활용한 탐색은 작은 물체를 찾을 때, 시야가 불량한 곳에서 사용
- 원형탐색(Circling Search)은 시야가 좋지 않으며 탐색 면적이 좁고 수심이 깊을 때 활용하는 방법, 인원과 장비의 소요가 적으나 범위도 좁음
- 반원탐색(Tended Search)은 조류가 세고 탐색 면적이 넓을 때 사용, 정박하고 있는 배에서 물건을 떨어뜨리면 가라앉는 동안 물살이 흐르는 방향으로

영상으로 공부하는 인명구조 강의노트

제5장 구조 유형

약간 벗어나므로 역방향은 탐색 필요 없음
- 왕복탐색(Jack stay Search)은 시야가 좋고 면적이 넓을 때 사용, 탐색 구역 외곽에 평행한 기준선을 두 줄로 설정, 기준선과 기준선에 수직 방향 줄을 팽팽하게 설치, 구조대원은 동시에 같은 방향으로 이동하면서 수색
- 직선 탐색(Sajas Search)은 시야가 좋지 않고 넓은 지역에 사용

○ 표면 공급식 잠수(Surface Supplied Diving System)
- 배 또는 육상에서 공기를 유연하고 견고한 생명 호스로 물속 잠수사에게 공급
- 무엇보다 장시간 체류 가능, 수중과 수상 통화 가능, 수상에서 잠수사 수심을 정확히 측정, 잠수사 모든 행동을 표면에서 지휘·통제
- 공기를 공급하는 장치나 호스에 문제가 발생하면 사고로 연결될 우려

가정의 달 특집 119수난구조대 1~2부(EBSDocumentary)
https://youtu.be/NWt4VX-_KFI?si=qI-2ceUIqyPGicuK

5. 건축 사고 구조[70]

■ 건축구조물 종류와 구성양식

○ 건축구조물 종류
- 목재, 벽돌(단층 건물), 블록, 돌을 전체 또는 부분적으로 사용

---
69 중앙소방학교, 2017: 298-327

- 철근콘크리트(RC, Reinforced Concert / Rahmen)는 철근으로 뼈대를 이루고 콘크리트를 넣어 일체식으로 성형한 합성구조
- 철골(鐵骨 / SRC, Steel Frame Reinforced Concrete Structure)은 경량이고 수평력이 강한 편
- 철골철근콘크리트는 강도와 내화성을 갖춰서 초대형 고층 건축물에 적합

○ 구성 양식
- 가구식(架構式 / Post and Lintel Construction) 구조는 목조, 철골 방식
- 일체식(一體式 / Rigid Frame Construction) 구조은 기둥과 보가 하나로 성형되어 라멘(Rahmen) 구조라고 부르며 철근콘크리트, 철골철근콘크리트조 방식
- 조적식(組積式) 구조는 내력벽면 구성에 벽돌, 블록, 돌과 같은 단일 부재를 교착재(모르타르)를 사용하여 쌓아 올린 구조
- 입체트러스(Space Truss Frame)는 트러스를 3각형, 4각형, 6각형으로 수평 수직방향으로 결점을 접합해서 구조를 일체화(지붕 구조물이나 교량에 사용)
- 현수구조(懸垂構造 / Suspension Structure)는 모든 하중을 인장력으로 전달(교량)
- 막구조(膜構造 / Membrane)는 합성수지 계통 천으로 만든 곡면으로 공간을 덮는 구조(체육관 등 넓은 실내 공간의 지붕)
- 곡면구조(曲面構造 / Thin Shell)는 철근콘크리트 등의 얇은 판이 곡면을 이루어서 외력을 받는 되는 구조(쉘〈Shell〉, 돔〈Dome〉)
- 절판구조(折板構造 / Folded Plate)는 평면판을 접어서 휨 모멘트에 저항하는 강성을 높여 외력에 저항할 수 있도록 일체화(지붕에 사용)

제5장 구조 유형

○ 철근콘크리트 구조물의 특징
  - 콘크리트는 철근 부식 방지
  - 철근과 콘크리트는 열팽창계수가 거의 동일
  - 콘크리트의 클리프(Creep)는 콘크리트에 일정한 하중을 주면 더 이상 하중을 높이지 않아도 시간 흐름에 따라 변형이 더 진행되는 현상
  - 콘크리트 내구성 저하 요인은 피로, 부동침하, 지진, 과적, 동결 융해, 화재
  - 콘크리트는 200℃~400℃에서 강한 흡열 발생(290℃ 표면 균열, 540℃ 균열 심화)
  - 콘크리트는 약 300℃에서 강도가 저하되기 시작, 콘크리트 안에 철근 부착강도는 극심하게 저하, 온도가 올라가면 재료 탄성 저하
  - 콘크리트 박리(剝離)는 열팽창에 따른 압축 응력이 콘크리트 압축강도를 초과할 때 발생하며 박리 속도는 온도 상승 속도와 비례
  - 콘크리트 중성화(알칼리성 상실)는 수명 단축 원인
  - 콘크리트 폭열(爆裂)로 콘크리트 조각이 흩어져서 주변 피해 초래
  - 철은 온도 증가에 따라 강도가 급격히 저하, 고온일수록 변형률 증가
  - 내화피복은 철이 변형 온도까지 도달하지 않도록 열을 차단할 목적으로 단열 성능이 우수한 피막을 입힌 것

■ 화재 건축물 붕괴[70]

○ 건축물 화재 시 열에 따른 건축자재 팽창은 건물 구조 결함을 유발
  - 철근콘크리트 건물 화재 시 기둥, 보, 바닥, 벽 등은 최후까지 남아있기에

---
[70] 국토교통부, 2020

연소에 영향을 주는 공기가 거의 일정하게 통해서 아궁이에 장작을 때는 모습과 유사
- 콘크리트는 500℃ 이상의 온도에서는 잔존강도가 40%로 감소하나 철은 500℃에서 수 분만 노출되어도 지지응력 상실

○ 사고가 발생한 시간도 중요 변수
- 학교, 호텔, 아파트 사고는 주간보다는 야간에 훨씬 더 어려움
- 현장지휘관이 경험과 훈련에서 얻은 지식을 잘 활용하고 주변에서 얻을 수 있는 자료를 종합해 논리적으로 판단
- 2차 붕괴 가능성은 종종 실제로 나타나며 1차 붕괴보다 더 비극적 결과, 붕괴 건물로부터 피해자 구출 노력은 구조대원이 오히려 위험
- 건물 붕괴 가능성이 명확히 먼저 알기는 어려움
- 2층 이상 건물이 철근콘크리트가 아니고 단순히 조적(벽돌)조 건물이면 화열로 약해진 벽체가 물을 머금어 강도가 저하될 수 있음
- 무량판 구조(Flat slab)는 바닥보가 전혀 없이 바닥판만으로 구성되어 그 하중을 직접 기둥에 전달하는 구조, 장점은 구조가 간단해서 공사비 저렴하고 높은 실내 공간 이용률, 고층 건물의 층높이를 낮게 할 수 있으나 강한 지지를 기대하기 어려움
- 경사형 붕괴(Lean to collapse)는 마주 보는 두 외벽 중 하나가 결함이 있으면 발생, 무너진 부분에 삼각형 공간이 생기며 빈 공간에 요구조자들이 갇히는 경우
- 팬케이크형 붕괴(Pancake collapse)는 마주 보는 두 외벽에 모두 결함이 생겨서 바닥이나 지붕이 아래로 무너지는 경우

> 제5장 구조 유형

- V자형 붕괴(V-shaper collapes)는 가구, 장비, 잔해 같은 무거운 물건이 바닥 중심부에 집중되었을 때 가능(양 측면에 생존 공간 있을 가능성), 버팀목으로 붕괴물을 안정 필요
- 캔틸레버형 붕괴(Cantilever collapes)는 2차 붕괴에 가장 취약, 한쪽 벽이나 지붕이 무너진 상태에서 다른 한쪽은 원형을 그대로 유지하고 있는 형태(2차 사고 우려)

강남 철거 현장 붕괴…매몰자 1명 구조(YTN)
https://youtu.be/Oo4K3_pS5d8?si=Ic6c4uVKndIMG5rw

■ 손상된 시설물 위험

○ 건물이 무너지면 전기, 수도, 가스, 하수구 등이 파손
 - 물은 침수로 이어져 갇혀있는 사람을 위험하게 만들 수 있음
 - 가스는 누출되면 폭발 위험(점화되지 않은 누출 가스 더 위험)
 - 전기는 확실하게 전류가 끊겼다고 판단할 수 없으면 모든 전선에 전기가 흐른다고 전제하고 구조
 - 하수구는 침수와 가스누출 야기

○ 인명구조와 수색에서 일부의 잔해물은 제거했더라도 계속 작업하려면 잔해물을 신중히 선정
 - 실종자가 마지막으로 파악된 위치, 잔해물 위치와 상태, 건물의 붕괴 과정에서 이동되었을 것으로 추정되는 지점, 붕괴로 형성된 공간, 요구조자가

보내는 신호가 파악된 곳, 요구조자가 갇혀있을 곳으로 예상되는 위치
- 생존자 구출(Extricate the Victim)은 요구조자가 2차 부상을 피하도록 주변 장애물을 걷어 내기, 지주 받치기, 깔린 신체 부위에 추가 압력이 가해지지 않도록 조치
- 만약 소리가 들리면 모든 작업을 중지하고 집중
- 방이 많은 곳을 탐색할 때 오른쪽으로 가고 오른쪽으로 진행, 건물 진입 후 모든 구역이 탐색 될 때까지 오른쪽 벽을 눈으로 확인하거나 손으로 짚으며 진행하고 시작점으로 돌아오기
- 선형탐색은 강당, 넓은 공간, 구획이 없는 사무실에서 이용, 3-4m 간격으로 구역을 가로질러 일직선으로 대원이 수색
- 주변 탐색은 붕괴 건물 상부에서 잔해더미 탐색이 불가능할 때 사용 구조대원 4명이 탐색지역 둘레를 균일한 거리로 위치를 잡고 탐색하고 각자 시계방향으로 90° 회전(이 절차는 모든 대원이 4회 이동이 끝날 때까지 반복)

○ 구조 기술[71]
- 잔해에 터널 뚫기는 요구조자 구출에 적당한 크기, 가능하다면 터널은 벽을 따라서 만들거나 벽과 콘크리트 바닥 사이에 구축하고 버팀목 대기
- 벽을 파괴할 때는 진동이나 균열을 반드시 확인, 콘크리트가 아니라면 모든 벽과 바닥을 절단하는 좋은 방법은 작은 구멍을 내고 그것을 점차 넓히는 방법, 콘크리트는 제거될 부분의 모서리부터 잘라가야 안전
- 지주는 예상되는 최대하중을 견딜 수 있을 만큼의 강도 필요
- 사상자 위치가 정확하게 알려졌을 때는 수공구만을 사용, 잔해 속에서 신

---
[71] 채진, 2021

제5장 구조 유형

체 일부분 발견 대비

대형 지진으로 건물 붕괴하면?…매몰자 찾고 구조(YTN)
https://youtu.be/F8iaPRGV8Jo?si=MrxFtXtPwDe56XZS

6. 항공기 사고 구조[73]

■ 항공기 사고의 특징[73]

○ 항공기 사고는 항공기 운항에 안전을 저해하는 여러 현상때문에 인명 또는 재산에 피해를 주는 사태가 발생
  - 항공기에 승객이 탑승한 직후 이륙해서 착륙 후 탑승자 전원이 항공기에서 안전하게 내릴 때까지 운항 과정에 문제가 생길 때
  - 항공기 사고(Aircraft Accident)는 항공기 추락, 공중 또는 지상 충돌, 화재, 엔진이나 기체 폭발, 불시착 등과 같은 대규모 이상으로 인명과 재산에 손실
  - 운항 중 사건(Incident)은 항공기가 지상에서 활주 중 다른 항공기나 기타 구조물과 가볍게 충돌, 기체 고장 등 긴급 착륙, 항공 교통관제 규칙 위반 등과 같은 이상으로 항공기가 준비 또는 운항 중 탑승자나 제3자에게 가벼운 손상 또는 지상 시설 파손, 기타 운항에 영향을 미칠 정도 행위 등

---

72 중앙소방학교, 2017: 328-334
73 한국철도사고조사위원회, 2023

- 운항 장애(Irregularity)는 운항 준비 상태 또는 운항 중 발생한 항공기 사고, 운항 중 사건보다 가벼운 이상(지상에서 출발했다가 회항, 대체 비행장 착륙)

○ 고충격 추락은 대부분 탑승자를 구조하지 못하며 사고 원인 규명에 초점

○ 저충격 추락은 높은 생존율을 기대할 수 있으므로 인명구조 최우선

○ 항공기 탑승자는 화재가 생기면 많은 열과 유독가스에 직면
- 화염을 얼마나 잡는지, 내부 화염 진출을 방지하는 작업이 중요
- 소화약제 등으로 탑승객 보호, 비행기에서 발생하는 파편과 화염은 혼란 가중

■ 탑승객 구조

○ 요구조자 구조
- 틈새에 사람이 움직이지 않는다고 해서 사망을 단정하면 안되며 의식을 잃은 생존자가 높은 비중, 신속 도움 필요, 비행기 전체에 완전 수색
- 내부 생존자 구출은 먼저 구조대원 한 사람이 비행기에 진입, 다른 대원은 진입한 선두 대원이 상황을 판단할 때까지 대기하면서 소방호스와 장비 점검
- 화재나 폭발 위험을 다른 대원에게 알리는 역할은 구조 범위를 결정하는 최초 판단의 일부 구성, 진입 후 가장 중요한 임무는 부상 탑승자의 상태와

제5장 구조 유형

　　위치 파악
　　- 비행기 내부는 대체로 복도 폭 38cm(18인치), 비상탈출구는 가로 44cm, 세로 65cm(가로 19인치, 세로 26인치) 정도로 좁은 공간

○ 응급처치
　　- 모든 생존자에게 조치, 심각한 골절이나 열상이 흔하며 화재나 폭발 위험이 있으면 부상자를 먼저 이송, 모든 전기 차단 전까지 비행기 잔해의 어떤 부분도 이동 금지(아주 작은 움직임으로도 불꽃 유발)

■ 사상자 확인

○ 항공기 사고의 조사관은 잔해 내부에 모든 탑승객 위치 고려, 확인된 모든 사망자는 책임자가 옮기라는 허가를 할 때까지 그대로 두기
　　- 좌석 배정 상황이나 사상자 발견 위치를 표시할 수 있는 문건 작성
　　- 좌석 위치 정보와 수화물(소지품)이 희생자의 유일한 정보 제공
　　- 사망했거나 부상한 사람의 정확한 위치를 표시할 때는 꼬리표 부착, 신체가 여러 곳에서 부분 발견되면 각 부위에 꼬리표를 붙이고 기록, 멀리 떨어져 발견되면 주변 땅에 말뚝을 박고 그 위에 꼬리표 부착

○ 비상구와 창문
　　- 진입구가 잠겼거나 신속한 구조가 필요하면 중요, 비상구는 충격을 받아도 잠기지 않고 비행기 내외부에서 쉽게 개방할 수 있도록 설치되는 편
　　- 창문 파괴는 도끼의 날카로운 끝으로 창문 모서리를 강하게 때려서 전체

부분을 약하게 하는 긴 금을 만들고 창문 각 모서리에 생긴 구멍으로 플렉시글라스(Plexiglas : 유리보다 투명하고 단단한 플라스택 재질) 제거에 유리, 플렉시글라스는 뜨거운 상태에서 자르기가 어렵기에 이산화탄소 소화기를 뿌리면 급격히 냉각되어 쉽게 파괴, 가장 좋은 제거 방법은 철판 절단용 날을 장착한 동력절단기 이용

- 비행기 측면으로 강제 진입은 동체의 하부에 설치되는 전기 시설 때문에 위험

아시아나 여객기 추락사고 1993.07.26.(KBS 2021.07.26)
https://youtu.be/qofNuQfw5vg?si=_zVidmGBWer43cgy

7. 엘리베이터 사고 구조[75]

■ 엘리베이터 특징[75]

○ 사람 또는 화물을 상하 수직으로 수송하는 장치
- 엘리베이터 최초 설치 후 완성검사 이후 연 1회 정기 검사 대상
- 대체로 트랙션(Traction; 엘리베이터를 로프 형태로 올리고 내린다는 뜻) 사용
- 엘리베이터에서 운반물을 싣는 상자 부분은 케이지(cage) 또는 카(car)
- 상하로 작동시키는 권양기(捲揚機), 가이드 레일(안내 궤도), 권양기의 부하

---

74 중앙소방학교, 2017: 355-369
75 한국승강기안전원, 2023

제5장 구조 유형

(負荷)를 줄여서 케이지의 무게와 상대적으로 매달려 움직이는 카운터 웨이트, 케이지와 카운터 웨이트를 연결해서 권양기(捲揚機)의 회전 바퀴에 거는 와이어 로프(wire rope)로 구성
- 층상 선택기(floor selector)는 정지할 층을 선택해 감속신호를 보내는 장치로 위치 표시기에 카 위치를 표시하는 기능
- 조속기(governor)는 엘리베이터 속도를 항상 감시하다가 속도가 비정상적으로 증가하면 속도를 제어(전동기 회로 차단과 브레이크 작동, 가이드 레일을 고정해서 하강 제지)
- 카(car)는 대부분 불연재, 밀폐구조는 아니므로 갇혔을 때 질식될 염려 없음
- 운전 중에 문을 열면 엘리베이터는 급정지, 주행 중 절대 문에 접촉 금지
- 문개폐장치(door operator)는 문을 자동 개폐하는 전동장치, 전원을 끊으면 비상시 문을 손으로 열 수 있음
- 카 상부 점검용 스위치는 보수 점검 작업 안전 목적으로 저속 운전용 스위치나 작업 콘센트 설치
- 레일은 카와 균형추 승강를 유도 승강로 벽에 견고하게 부착
- 로프(와이어 로프) : 카와 균형추를 매달고 있는 메인 로프, 조속기와 카를 연결하는 조속기 로프 등이 있으며 각각 로프 소켓 등으로 고정
- 카와 균형추는 로프에 두레박 식으로 연결
- 이동 케이블은 승강로 내 고정 배선과 카의 기기를 전기로 연결(테일 코드)
- 도어 틀은 출입구 틀로 상부와 양측 3방면으로 구성
- 승장도어(홀 도어라고 부를 수도 있음)는 문의 레일에 매달리고 하부는 문턱 홈을 따라서 개폐, 승장도어 뒷면에 카 도어와 연계되어 움직이는 연동장

치 설치, 모든 층 승장도어는 비상 해제 장치 설치
- 승장버튼은 카를 부르는데 사용되는 버튼, 이 버튼을 누르면 문을 개방
- 위치표시기(indicator)는 램프 점등 또는 디지털 방식 카 위치층 표시

○ 엘리베이터의 안전장치
- 엘리베이터는 이중안전장치가 있고 와이어로프 강도는 최대하중 10배 이상의 안전율로 설치되어 절단 사고가 일어날 확률은 희박
- 평소 이동 속도의 1.4배 이상에서 작동되는 브레이크 장치로 추락사고 희박
- 비상정지 장치(safety device)는 가이드 레일을 강한 힘으로 붙잡음
- 리미트 스위치(limit switch)는 최상층 또는 최하층에 접근할 때 자동으로 정지
- 파이널 리미트 스위치(final limit switch)는 모든 전기회로를 끊고 엘리베이터 정지
- 완충기(buffer)는 카가 층을 지나칠 때 충격 완화
- 도어 인터록 스위치(door interlock switch)는 모든 승강문이 닫혀있지 않을 때 카는 동작할 수 없으며 그 층에 정지하고 있지 않을 때 문을 열 수가 없기에 승장도어 부근에 스위치와 자물쇠가 설치
- 비상 해제 장치 부착 '인터록 스위치'는 특별한 키로 해제하여 승장 측에서 문을 열 수 있게 설계
- 통화 설비 또는 비상벨 : 건물관리실을 연결하는 엘리베이터 전용 통화설비
- 정전등은 바닥 면에 1Lux 이상 밝기 유지(1시간 이상 적당)

- 각층 강제 정지 장치는 한산한 시간에 승객 대상 범죄 예방 목적으로 장치를 가동하면 목적층 도달까지 각 층 순차 정지 운행

■ 엘리베이터 구조 활동

○ 전원 차단이나 기기 고장 대부분
  - 구출 작업은 카가 멈춘 위치에 따라서 주의 필요
  - 정전 또는 기계 결함 정지는 단시간일 때 복구된다는 사실을 승객에게 알리고 전원이 복구되면 어떤 층의 버튼을 누르더라도 동작 재개
  - 정전으로 엘리베이터가 정지한 사례는 승장 근처가 많아서 승객이 스스로 카도어를 열면 카도어와 연동된 승장도어가 동시에 열려서 쉽게 밖으로 구출
  - 먼저 엘리베이터 마스터키를 사용해 1차 문을 열고 승객에게 2차 문을 개방 요청(승장도어, 카도어가 정위치에서 열리지 않으면 카 문턱과 승장 문턱과 거리차를 확인한 후 60cm 이내에서 위 또는 아래에 있을 때 구출)
  - 60cm 이상 높거나 120cm 미만이면 승장에서 접는 사다리 등을 카 내로 넣어 구출
  - 승객이 잠금장치 해제가 어렵거나 카 문턱과 승장 문턱 거리 차이가 크면 보수회사가 고장을 고칠 때까지 기다려야 하나 긴급하면 기어가 있는 권양기에 한정해서 2인 이상의 훈련된 요원이 진입(모든 문이 닫혀 있는지를 여러 차례 확인)

○ 화재와 지진 발생
- 화재는 승강로 구조가 굴뚝과 같아서 열과 연기의 통로가 될 수 있으므로 피난은 계단 이용, 빌딩 내 카는 모두 피난층으로 집합(문을 닫고 정지)
- 지진이 발생하면 가장 가까운 층에서 정지하고 승객이 피난 후 문을 닫고 전원 스위치 차단, 엘리베이터는 피난용으로 사용하지 않음
- 진도 3 정도는 관리기술자, 진도 4 이상은 전문기술자 점검 필요
- 구출 완료 후 점검이 끝날 때까지 운전 중지

○ 갇힘 사고
- 갇힘 사고의 원인은 장치 고장, 이용 방법을 모르거나 관리부실
- 조작 미숙, 갑자기 문을 개방하거나 비상 정지버튼 고의로 누름
- 문에 물건이 끼거나 정원·중량 초과, 청소 불량, 취급 불량 등

승강기 갇힘 사고 구조훈련 실시(안동MBC NEWS)
https://youtu.be/UV8CMd13ds0?si=F6Ns_9YkyNBRBf7e

8. 추락 사고 구조[77]

■ 사고 인지와 도착 시 행동

○ 현장에 도착하면 즉시 관계자로부터 모든 정보를 수집

---
76 중앙소방학교, 2017: 370-372

제5장 구조 유형

- 부상 정도 확인, 상태 등을 고려하고 적정한 구출 방법 선정

- 모든 구조대원은 반드시 헬멧과 안전벨트 착용, 안전로프 설치

- 구조대원이 작업할 장비, 로프를 설치할 각 부분 강도를 충분히 확인

- 로프에 매달아 올리거나 내릴 때는 2줄

맨홀밀폐공간 인명구조훈련(서울소방)
https://youtu.be/kzuN0XYyLAU?si=aR8bG-tjR44DPm_x

○ 요구조자에게 외상이 없더라도 경추 또는 척추 보호대 착용

- 지하 공사장 사고에서 구조대원 진입은 가설계단, 트랩 등을 이용(적재 사다리, 구조 로프 이용)

- 진입 대원과 요구조자에게 반드시 공기호흡기 착용

- 공기호흡기를 착용할 수 없는 협소한 공간이면 밸브를 열고 다량의 공기통을 현장에 투입해서 신선한 공기를 공급

2022 전국 특수구조대 연찬자료 싱크홀 로프구조(서울119특수구조대 김형우)
https://youtu.be/Y9PwEB5LgZQ?si=kTb24d8auKZ5i-LY

9. 붕괴 사고 구조[78]

■ 토사 붕괴

○ 재붕괴 방지 조치로 부근 목재 등을 활용
- 현장지휘소는 재붕괴의 염려가 없는 곳
- 굴착된 토사는 매몰 장소에서 가능한 먼 곳으로 운반
- 추가 붕괴 위험성이 있는 장소거나 요구조자의 매몰 지점을 정확히 모르면 맨손 등으로 신중히 제거

토관 공사 중 무너져 버린 토사...그리고 빠져나오지 못한 인부들
'토관 속 90분' (KBS 1996.05.07)
https://youtu.be/koXT4mgVUFg?si=O5hGTxByUPG3Z1ET

■ 도괴(destruction)

※ 타워크레인이나 공사장 철골 구조가 무너지는 사고가 주로 도괴에 해당[78]

○ 공사장에서 철근 등이 부서지고 무너지는 경우
- 재붕괴, 2차 사고 발생 방지
- 소규모 또는 경량의 도괴물은 에어백이나 유압장비 이용

---
77 중앙소방학교, 2017: 373-377
78 중앙소방학교, 2022

제5장 구조 유형

- 도괴 장소 부근에 무거운 장비를 설치하지 않기
- 작업이 장시간이면 교대 요원 준비
- 요구조자 소재가 불명확하면 현장과 인근 지역까지 통제
- 지중 음향탐지기나 영상탐지기 등 인명 탐색 장비 활용(미세한 움직임 탐지)
- 굴착공사 시 사고는 굴착 길이가 1.5m를 넘으면 경우에는 토사 붕괴 방지 조치(판자 등으로 지지판 설치)

산사태에 하반신 매몰된 골프장 직원들…긴박한 구조 현장(SBS 뉴스)
https://youtu.be/5L8IIHJyCwI?si=Wlx_3OLIfgg8OfAh

■ 인명구조견 활용

○ 특별히 발달한 후각으로 최첨단 장비로도 불가능한 요구조자 또는 실종자 위치를 신속하고 정확하게 탐색
   - 인명구조견이나 핸들러(운용자)가 인명구조 활동 중 부상 시 최우선 치료
   - 산악, 수중, 물에서 흘러나오는 특수한 체취 습득, 눈 속 매몰자(눈 아래 약 7m 정도), 건물 붕괴 냄새 추적

생명을 지켜주는 인명 구조견들(KBS Entertain 2020.07.20)
https://youtu.be/B3tFHS3Fp7E?si=fCxt629nTm0-wSo9

 119인명구조견, 탑독(Top dog)의 주인공은?(소방청TV)
https://youtu.be/PXfv-yxs8Qs?si=QuU7ka2LNWBYRkob

147

10. 가스 사고 구조[80]

■ 가스 종류와 특징[80]

○ 가스 종류

- 대표적으로 액화석유가스(LPG: Liquefied Petroleum Gas)는 프로판, 부탄 등을 주성분으로 하는 탄화수소 혼합물은 온도 변화에 따라 쉽게 액화 또는 기화

- LPG는 무색, 냄새가 거의 없어서 공기 중 1/200 상태에서 냄새가 나도록 부취(腐臭)를 혼합

- 천연가스(LNG: Liquefied Natural GAS)는 무색, 무취, 무독성이며 비부식성이거 가스로 증발하면 가연성, 냉동, 질식 등을 유발 가능

- 고압가스는 가스는 온도와 압력 또는 농도와 양에 따라서 영향이 다양하며 압축, 액화, 용해 3가지 종류로 분류

○ 누설 시 조치와 소화 요령

- LPG는 공기보다 무거워 낮은 곳에 고이게 되므로 주의
- 가스가 누설되었을 때 착화원을 신속히 치우고 중간밸브를 잠그고 환기
- 용기의 안전밸브에서 가스가 누설될 때는 용기에 물을 부려서 냉각
- 액화가스 기화는 흡열 반응으로 용기 또는 배관에서 누설, 착화되어도 냉각된 상태가 많으며 작은 불씨에도 폭발할 위험성이 높으나 연소 중 가스

---

79 중앙소방학교, 2017: 378-384
80 한국소방안전원, 2023

제5장 구조 유형

는 오히려 폭발 위험이 낮음(밸브가 파손되지 않았거나 파손된 부분을 차단할 수 있으면 차단을 우선 시도)

- 가스를 차단할 수 없고 주변에 연소 위험도 없다면 굳이 화재를 소화하기 보다는 안전하게 태우는 방안을 강구(자칫 2차 폭발 우려)
- LPG는 분말소화기 또는 이산화탄소 소화기 사용이 좋으며 분말소화기로 분출하고 있는 가스 근본부터 순차적으로 불꽃의 끝부분 방향으로 끄기, 이산화탄소 소화기는 가능한 가까이 가서 강한 방출 압력으로 연소 면 끝부분부터 불꽃 제어
- 고정되지 않은 가스용기에 대량 방수하면 용기가 쓰러져 더 큰 위험
- 도시가스(LNG)는 인근지역을 모두 방화 경계구역으로 설정하고 주민 대피
- 지하 매설 배관에서 누출되면 관계기관에 신속히 연락

높이 58m 다리 밑으로 떨어진 LPG 가스통을 가득 실은 트럭, 동양 최고 구조 작전(KBS 1997.09.10)
https://youtu.be/toLUHmnUUiY?si=3vr-t7Op00ZzwcDN

■ 가스 누출 사고 인명구조

○ 장비 현지조달 필요
- 구조대 장비는 종류와 수량에 한도가 있기에 관계자로부터 필요한 장비 조달
- 현장에 도착하면 풍향, 풍속, 지형, 누출량, 경과시간 파악해 가스 확산 범위를 예측하고 신속히 경계구역을 설정
- 경계구역 내 주민을 신속히 대피할 수 있도록 조치하고 교통을 차단

○ 모든 대원은 반드시 공기호흡기 착용
  - 작업시간 장기화 대비 누출가스로부터 안전한 지역에 공기충전기 설치
  - 흡연, 조명기구 스위치 조작 등은 엄금
  - 화상 부위는 찬물로 냉각, 고통을 줄이고 손상이 악화 금지

XX공장에 유해화학물질 누출! 구조출동(119안방)
https://youtu.be/NzTGnrdmUuY?si=J8-MSYPIC20iSW3t

■ 제독 등의 처리

○ 긴급 제독은 소방호스를 이용해 물 또는 세척제를 뿌려서 오염물질을 제거
  - 대부분 오염물질은 물로 60~90%까지 제독
  - 신경계 작용물질 중독은 오염된 의복을 벗고 신선한 공기에 15분 이상 노출

○ 제독소 설치
  - 오염자와 제독 작업에 참여한 대원을 대상으로 Worm Zone에 설치
  - 40mm 또는 65mm 소방호스로 땅에 구획을 만들고 그 위에 수손 방지막(방지망)으로 덮으면 오염물질이 밖으로 흐르지 않도록 방지, 제독소 내부는 오염지역에 가까운 구획부터 Red trap, Yellow trap, Green trap의 3단계로 구획, Red trap부터 제독 시작
  - Red trap 입구에 장비를 놓고 별도 제독하거나 폐기, 방호복을 입은 상태에서 물을 뿌려 1차 제독(Gross Decon)

> 제5장 구조 유형

- Yellow trap으로 이동해 솔과 세제를 사용해서 방호복을 꼼꼼하게 세척
- 습식 제독이 끝나면 Green trap으로 이동해 동료 도움을 받아 보호복을 벗고 마지막으로 공기호흡기를 벗기

화생방 제독소 시스템 절차(강원 소방 119 특수구조단긴급기동팀)
https://youtu.be/Gt-CVmhvjy0?si=puqPjdkv565JZPff

11. 암벽 사고 구조[82]

■ 기상변화에 따른 조난사고 발생

○ 산악 기온 고도차에 영향

- 고도가 높을수록 기온은 내려가며 100m마다 0.6℃ 하강
- 체감온도는 같은 기온이라도 풍속에 따라 느끼는 온도
- -10℃~-25℃에서 노출된 피부는 매우 차가우며 저체온증 위험, -25℃~-40℃이면 10~15분 사이에 동상 가능성
- 젖은 옷은 마른 옷보다 몸의 열을 240배나 빨리 빼앗기 때문에 면으로 만든 옷은 입지 않기
- 폭설은 극히 위험하며 산에서 눈은 적설량(積雪量) 기준(基準)이 아니라 지형 변화를 유발하고 등산로를 모두 덮으면 조난사고 발생
- 눈사태는 경사가 31°~55° 사이에서 많이 발생

---
81 중앙소방학교, 2017: 385-399

- 눈은 가볍고 사람의 몸은 무거워 저절로 가라앉고 움직이면 즉시 콘크리트처럼 단단하게 굳어지는 특징(눈이 50Cm 이상 쌓이면 걷기 어려움)
- 크러스트(Crust)는 눈이 내려 쌓이면 눈은 표면 바람, 햇볕, 기온으로 미세하게 다시 결빙
- 눈처마(Cornice) 붕괴는 눈 쌓인 능선에서 주의, 눈처마는 바위 등 돌출 부분에서 발달해서 밑으로 수그러지며 육안보다 훨씬 뒤에서 붕괴(눈처마에 다가설 때 의외로 먼 곳도 같이 붕괴)
- 산에서 안개를 만나면 활동을 중지하고 한 자리에 머무르기
- 안개가 심하거나 일몰로 눈이 쌓여 지형을 분간하기 어려우면 스스로 어떤 방향으로 전진한다고 느끼나 사실은 큰 원을 그리며 움직여 결국 제자리로 도착(링반데룽〈Ringwanderung〉, 환상방황)하는데 즉시 대기하고 휴식

북한산 인수봉 암벽 등반 중 끊어져 버린 로프 '겨울 인수봉 끊어진 생명줄'(KBS 1998.12.06)
https://youtu.be/HJD10z1tx78?si=Pmc0-PHPW4ra9Utj

■ 암벽등반 기술

○ 암벽 등반 시 추락 발생
- 암벽등반은 항상 추락 예상(항상 2인 이상 1조) 등반
- 암벽화는 여러 종류를 동시에 구비하고 상황에 맞게 착용
- 안전벨트는 추락이 예상되는 암벽등반에서 등반자가 추락할 때 충격을 분산해서 안전하게 보호
- 구조대원도 추락할 수도 있다는 전제, 구조 활동 전 1~2명 대원이 먼저 하

제5장 구조 유형

강해서 로프를 펴고 밑에서 확보하면 비교적 안전

[국립공원 특수산악구조대] 수직 벽상구조 훈련(북한산국립공원 도봉사무소)
https://youtu.be/PG3RUcKZhk0?si=ObUyNIEbkMJuo1J1

제6장
생활 안전관리

1. 생활 안전 사고 유형[83]

■ 방문 개방

○ 긴급 상황 발생 시 방화문 강제 개방용으로 사용되며 화재 현장에서 파괴 기도구로도 사용 가능
  - 배척(지렛대)을 보조키 키홀 안에 대고 도끼나 해머로 때려서 내부 잠금장치를 이탈 또는 파쇄
  - 화재 등에서 꼭지가 눌렸을 때 내부에 요구조자가 있는 것으로 판단하고 신속하게 개방 작업

긴박했던 문개방 현장영상(인천소방TV)
https://youtu.be/IrOrmx12_C8?si=9-M-jy5CNKs_Wwud

---

[82] 중앙소방학교, 2017: 439-474

제6장 생활 안전관리

■ 벌집 처리

○ 벌집 형태와 종류에 관계없이 안전 복장과 장비 착용 후 최대한 접근
  - 채집망과 벌집 부착면을 빈틈없이 밀착해 한 번에 제거
  - 시설물 파괴 사항은 반드시 거주자(관계인) 동의 이후 실시
  - 채집망 사용이 불가능하면 소방펌프차 주수로 제거
  - 땅속에 집을 만드는 벌은 땅벌은 공격성이 강하므로 주변 확산 경계
  - 높은 장소 제거 시에 구조대원 추락 방지 조치
  - 비상약 준비, 벌은 밝을 때 활동하고 어려우면 활동이 느려지므로 채집망 이용

벌집 발견? 출동 119!(YTN 사이언스)
https://youtu.be/NmXz7H4V5Ww?si=nf-ZNltbDvJwIiwq

■ 야생동물 처리

○ 멧돼지, 들개 등은 신중한 포획
  - 포획할 동물이 위협적인지, 병에 걸려있는지, 겁을 먹었는지 등 상태 파악
  - 마취총, 그물, 올무 등을 이용해서 포획해서 안전한 틀에 보관
  - 생활에 불편을 주는 동물은 참새, 까치, 까마귀, 고라니, 멧돼지, 두더지 등도 포함

마을에 출몰한 야생 멧돼지의 운명은..?(KBS동물티비)
https://youtu.be/fDxiCSzazSw?si=yVr_EPd9Jt1xoNu9

 어쩌다 맹견이 우리 집 앞으로 왔나(KBS동물티비…평온한 아파트 앞 유혈 사태 발생(KBS동물티비)
https://youtu.be/BAK8GzQkgJ8?si=TkDV4AEVzRGhVkY9

벽 사이에 갇힌 새끼고양이…119에 의해 구조(광주MBC)
https://youtu.be/mYnPZTcQ8XY?si=Ob9yF0Z56QBmoD58

2. 소방 안전관리 특징[84]

■ 안전관리 일체성·적극성·특이성·반복성

○ 안전관리는 각 부문이 모여서 전체를 이루며 특이한 사건 사고와 연계[84]
  - 안전 문제는 한 번이 아니라 여러 차례 일어날 수 있음

○ 사고 발생 기본적 모델
  - 불안전한 행위인 "인적 요인", 불안전한 상태인 "물적 요인", 안전관리 결함이라는 "환경 요인"이 모여서 생기는 사고는 충분한 예방 가능

---
83 중앙소방학교, 2017: 477
84 서울특별시 소방재난본부 은평소방서, 2018

제6장 생활 안전관리

○ 안전관리 10대 원칙
- 안전관리는 임무 수행 전제로 하는 적극적 행동 대책
- 화재 현장은 항상 위험하므로 안일한 태도를 버리고 항상 경계
- 독단적 행동을 삼가고 적극적으로 지휘관의 통제에 순응
- 위험 정보는 현장 전원에게 신속하고 전파(위험을 먼저 안 사람은 즉시 보고)
- 어떠한 상황에서도 냉정하고 침착하기
- 기계, 장비, 성능 한계를 명확히 알고 안전조작 숙달
- 안전 확보 기본은 자기방어, 안전은 스스로 확보
- 안전 확보 첫걸음은 완벽한 준비
- 안전의 전제는 강인한 체력에 있으므로 평소 연마
- 사고사례는 생생한 교훈이므로 심층 분석해서 행동 지침으로 생활화

○ 기타 안전관리 준수 사항
- 무의식적으로 의사소통이 될 수 있는 정도로 친밀감 형성
- 장비 특성과 사용법 철저 숙지
- 2인 1조 활동 복수 운영(그 이상으로 운영)
- 사망자 용어 사용 금지
- 사고 현장에서 부정적 용어 사용 금지
- 현장 물품 접촉 금지(고가 물품은 경찰관에게 보존 요청)
- 요구조자 동의(명시적·묵시적) 필요(소속, 자격, 상황을 설명)
- 위험지역을 통과할 때는 '손목' 잡기(악수하듯이 잡으면 잘 빠짐)
- 화재 시 출입문은 신중하게 개방(손등으로 문에 대고 온도 감지)
- 사고 현장에서 갑자기 무거운 장비나 물건을 들면 다칠 수 있으므로 주변

도움 요청 또는 준비운동 후 작업 개시

소방관이 되려는 자, "멈추지마" 지옥같은 소방학교 체력훈련부터!(울산MBC뉴스)
https://youtu.be/CwUMauw9ALM?si=Xip6_q2LEgOPZV3h

소방관 이미지 개선 홍보 영상(소방청TV)
https://youtu.be/yCfItBASGBE?si=SIIx9OIYLjvkms27

경기도국민안전체험관
https://www.youtube.com/@user-wb7xl1mg1y

제6장 생활 안전관리

Rescues

맺음말

　이 책은 영상과 사진으로 인명구조 지식과 요령을 정리하는데 목적을 두었다. 제1장 구조 개론에서 구조 활동의 개념과 운용, 구조대원 자격 기준과 대응 절차, 구조대원 임무를 간략하게 살펴보았다. 구조의 개념, 연혁, 범위 등은 과거보다 미래로 갈수록 더 넓어질 것이다.

　제2장 구조 활동은 출동 대비(준비), 현장 (도착) 후 파악, 현장 (파악) 보고, 구조 활동, 현장 통제로 구분되며 순서대로 활동할 수도 있으나 사건에 따라서 그 구분이 모호해지거나 압축되기도 한다.

　제3장 구조 장비는 장비 사용의 일반 원칙부터 보편적인 구조 장비를 비롯해 측정, 절단, 중량물 작업, 탐색구조, 보호, 보조 장비까지 다양하다. 소방관 개인 장비부터 헬리콥터까지 구조 장비는 다양하고 성능은 시간이 흐를수록 좋아진다. 특히, 헬리콥터는 환자 이송부터 화재 진압까지 사용할 수 있다. 현재 '소방 드론(무인비행장치)'에 관련된 규정이 마련되어 앞으로 장비는 더 다양해지고 발달할 것이다.

　제4장 구조 훈련은 소방관 개인 또는 집단으로 현장에서 활용하는 '로프' 사용법을 안내했다. 과거부터 산악, 수중, 육상 등에서 널리 사용하고 있는 로프 매듭, 정리, 하강, 등반, 도하 등의 기술은 폭넓은 경험과 응용력을 발휘하는 부문이다. 과거에는 실습하거나 사진으로만 로프 사용법을 배울 수 있었으나 이제 영상으로 더 쉽게 학습할 수 있다.

　제5장 구조 유형은 구조 활동 기본 수칙을 바탕으로 감금이나 끼임, 자

영상으로 공부하는

동차, 수난, 건축, 항공기, 엘리베이터, 추락, 붕괴, 가스, 암벽 사고는 거의 매일 언론에서 볼 수 있다. 그런데 이와 같은 사고는 한 가지만이 아니라 두 가지 유형이 겹쳐서 생길 수도 있기에 '복합재난' 상황도 반드시 고려해야 한다. 만약 사고를 넘어서서 '재난'으로 이어지면 주민 대피, 특별재난지역 선포로도 이어진다.

제6장 생활 안전관리는 생활 안전사고 유형과 안전관리 특징에 관련된 사항으로 소방 업무가 일상에 완전히 스며들었다는 사실을 알 수 있는 부분이다. 이제 사람만이 아니라 반려동물을 구조하거나 유해 동물로부터 인간을 지켜야 하는 업무까지 소방에서 맡고 있다. 특히, 생활 안전관리 영역은 어린이부터 노인까지 개인의 안전을 스스로 책임져야만 사고를 예방하거나 사고의 확대를 방지할 수 있으므로 안전교육도 중요하다.

이렇게 인명구조는 사람의 생명과 재산을 보호하는 임무이면서도 더 넓은 영역으로 확장되고 있다. 이에 인명구조 이론, 지식, 요령 등을 영상으로 공부해서 그 중요성을 인식할 수 있으면 한다.

Rescues

1. 소방 장비 분류

■ 소방장비관리법 시행령 [별표 1] 〈개정 2020. 12. 15.〉

1. 기동장비: 자체에 동력원이 부착되어 자력으로 이동하거나 견인되어 이동할 수 있는 장비

구분	품목
가. 소방자동차	소방펌프차, 소방물탱크차, 소방화학차, 소방고가차, 무인방수차, 구조차 등
나. 행정지원차	행정 및 교육지원차 등
다. 소방선박	소방정, 구조정, 지휘정 등
라. 소방항공기	고정익항공기, 회전익항공기 등

2. 화재진압장비: 화재진압활동에 사용되는 장비

구분	품목
가. 소화용수장비	소방호스류, 결합금속구, 소방관창류 등
나. 간이소화장비	소화기, 휴대용 소화장비 등
다. 소화보조장비	소방용 사다리, 소화 보조기구, 소방용 펌프 등
라. 배연장비	이동식 송·배풍기 등
마. 소화약제	분말 소화약제, 액체형 소화약제, 기체형 소화약제 등
바. 원격장비	소방용 원격장비 등

3. 구조 장비: 구조 활동에 사용되는 장비

구분	품목
가. 일반구조 장비	개방장비, 조명기구, 총포류 등
나. 산악구조 장비	등하강 및 확보장비, 산악용 안전벨트, 고리 등
다. 수난구조 장비	급류 구조 장비 세트, 잠수장비 등
라. 화생방 및 대테러 구조 장비	경계구역 설정라인, 제독·소독장비, 누출물 수거장비 등
마. 절단 구조 장비	절단기, 톱, 드릴 등
바. 중량물 작업장비	중량물 유압장비, 휴대용 윈치(winch: 밧줄이나 쇠사슬로 무거운 물건을 들어 올리거나 내리는 장비를 말한다), 다목적 구조 삼각대 등
사. 탐색 구조 장비	적외선 야간 투시경, 매몰자 탐지기, 영상송수신장비 세트 등
아. 파괴장비	도끼, 방화문 파괴기, 해머 드릴 등

4. 구급장비: 구급활동에 사용되는 장비

구분	품목
가. 환자평가장비	신체검진기구 등

나. 응급처치장비	기도확보유지기구, 호흡유지기구, 심장박동회복기구 등
다. 환자이송장비	환자운반기구 등
라. 구급의약품	의약품, 소독제 등
마. 감염방지장비	감염방지기구, 장비소독기구 등
바. 활동보조장비	기록장비, 대원보호장비, 일반보조장비 등
사. 재난대응장비	환자분류표 등
아. 교육실습장비	구급대원 교육실습장비 등

5. 정보통신장비: 소방업무 수행을 위한 의사전달 및 정보교환·분석에 필요한 장비

구분	품목
가. 기반보호장비	항온항습장비, 전원공급장비 등
나. 정보처리장비	네트워크장비, 전산장비, 주변 입출력장치 등
다. 위성통신장비	위성장비류 등
라. 무선통신장비	무선국, 이동 통신단말기 등
마. 유선통신장비	통신제어장비, 전화장비, 영상음향장비, 주변장치 등

6. 측정장비: 소방업무 수행에 수반되는 각종 조사 및 측정에 사용되는 장비

구분	품목
가. 소방시설 점검장비	공통시설 점검장비, 소화기구 점검장비, 소화설비 점검장비 등
나. 화재조사 및 감식장비	발굴용 장비, 기록용 장비, 감식감정장비 등
다. 공통측정장비	전기측정장비, 화학물질 탐지·측정장비, 공기성분 분석기 등
라. 화생방 등 측정장비	방사능 측정장비, 화학생물학 측정장비 등

7. 보호장비: 소방현장에서 소방대원의 신체를 보호하는 장비

구분	품목
가. 호흡장비	공기호흡기, 공기공급기, 마스크류 등
나. 보호장구	방화복, 안전모, 보호장갑, 안전화, 방화두건 등
다. 안전장구	인명구조 경보기, 대원 위치추적장치, 대원 탈출장비 등

8. 보조장비: 소방업무 수행을 위하여 간접 또는 부수적으로 필요한 장비

구분	품목
가. 기록보존장비	촬영 및 녹음장비, 운행기록장비, 디지털이미지 프린터 등
나. 영상장비	영상장비 등
다. 정비기구	일반정비기구, 세탁건조장비 등
라. 현장지휘소 운영장비	지휘 텐트, 발전기, 출입통제선 등
마. 그 밖의 보조장비	차량이동기, 안전매트 등

비고: 위 표에서 분류된 소방장비의 분류 기준·절차 및 소방장비의 세부적인 품목 등에 관한 사항은 소방청장이 정한다.

2. 구조 활동 일지

■ 119구조 · 구급에 관한 법률 시행규칙 [별지 제4호서식] 〈개정 2017. 2. 10.〉

소방서 전화)		구조대 · 안전센터		구 조 활 동 일 지				결재	부대장 (부센터장)	구조대장 (센터장)
일련번호		-								
신고 일시	20 . . . :	신고자	성 명 연락처		신고 방법	[ ]일반전화 [ ]휴대전화 [ ]인터넷 [ ]기타		접수자		
출동 시각	:	현장 도착	시각 :	거리 km		걸린 시간 (분)		관할 지역	[ ]관할 [ ]관할 외	
구조 완료 시각	:		구조에 걸린 시간	(분)		귀소시각		:		
사고 장소	주소							관계자		
	[ ]공동주택 [ ]단독주택 [ ]도로·철도 [ ]하천·바다 [ ]산 [ ]논밭·축사 [ ]공장·창고 [ ]판매시설 [ ] 도시공원 [ ]운동시설 [ ]숙박시설 [ ]업무시설 [ ]종교시설 [ ]노유자시설 [ ]운수시설 [ ]교육·연구시설 [ ]작업·공사장 [ ] 의료시설 [ ]기타									
사고 원인	[ ]화재 [ ]폭발 [ ]붕괴 [ ]교통 [ ]위치추적 [ ]수난 [ ]산악 [ ]기계 [ ]승강기 [ ]잠금장치 개방 [ ]인명갇힘 [ ]동물포획 [ ]벌집제거 [ ]추락 [ ]자연재난 [ ]가스 [ ]전기 [ ]유류·위험물 [ ]유해화학물질 [ ]자살추정 [ ] 안전조치 [ ]기타									
범죄 의심	[ ] 경찰통보 [ ] 경찰인계 [ ] 현장조사상황표 및 질문표 제공 [ ] 기타( )									
긴급 분류	[ ]긴급 [ ]준 긴급 [ ]잠재 긴급 [ ]대상 외 ※ 분류기준: 긴급(신속한 구조 활동이 필요한 경우로서 구조 활동이 없을 경우 사망하거나 심각한 상태·상황으로 악화됨), 준긴급(긴급에 비해 시간제약이 적은 경우로서 구조 활동이 없을 경우 긴급 상황으로 전개됨), 잠재 긴급(별도의 조치가 없을 경우 긴급·준 긴급으로 전개됨), 대상 외 (「119구조·구급에 관한 법률 시행령」 제20조제1항 구조요청의 거절 사유에 해당함)									
활동 개요										
조치 사항					특이사항					
요구조자 인적 사항	성명	나이	성별	직업	구조상태		주소		연락처(☎)	
동원 인력	[ ]소방: 명 [ ]기타: 명( ) 소방인원:									
동원 장비	[ ]차량: 대 [ ]장비: 외 점( )									
구조 인원	■ 계: 명 [ ]사망: 명 [ ]부상: 명 [ ]기타 명									
구조 실적	처리 내용	[ ]인명구조 [ ]기타 활동				[ ]안전조치			[ ]인명검색	
	미처리 내용	[ ]자체처리 [ ]오인신고 [ ]거짓신고 [ ]타 기관 처리 [ ]구조거절 [ ]상습악의								
장애 요인	[ ]관계자(기관) 협조 미흡 [ ]차량노후 [ ]장비고장 [ ]장비부족 [ ]인력부족 [ ]장애없음 [ ]기타( )									
구조 효과	구조 활동이 없었다면? [ ]사망 가능 [ ]심각한 상태·상황 악화 [ ]약간의 상태·상황 악화 [ ]유사 결과									

210mm×297mm[백상지(80g/㎡) 또는 중질지(80g/㎡)]

3. 구조 거절 확인서

■ 119구조 · 구급에 관한 법률 시행규칙 [별지 제1호서식] 〈개정 2016.1.27.〉

구조 거절 확인서

소방서 구조대 · 안전센터			결재	부대장 (부센터장)	대 장 (센터장)
구조일지 일련번호	-				

구조대상자 평가	[ ] 구조대상자의 상태 및 현장상황을 종합적으로 평가하여 긴급구조 활동이 필요하지 않은 비긴급 상황이라고 인정할 만한 상당한 이유가 있음	
	세부 거절 항목	[ ] 단순 문 개방 [ ] 시설물에 대한 단순 안전조치 [ ] 장애물 단순 제거 [ ] 동물의 단순 처리 · 포획 · 구조 [ ] 주민생활 불편해소 차원의 단순 민원 ( ) [ ] 구조대원에게 폭력을 행사하는 등 구조 활동을 방해하는 경우
요구조자 고지	고지 항목	[ ] 상태 · 상황이 악화되면 119에 다시 신고 [ ] 구조 거절의 이유, 구조대원의 소속 · 성명 · 전화번호 및 이의제기방법 [ ] 다른 조치 수단 및 방법
	다른 조치 수단 및 방법 고지 내용	
녹음 등 유무	[ ] 녹음/녹화 자료 있음 [ ] 녹음/녹화 자료 없음 [ ] 그 밖의 자료 있음	

본인은 구조업무와 관련된 본인의 교육 · 자격 및 경험 등에 의하여 구조대상자의 상태 및 현장상황을 성실히 평가했으며, 그 결과에 따라 해당 구조대상자에게 필요한 조치를 하고 구조 활동은 하지 않았습니다.

20 . . . :   구조대원   (서명 또는 인)

210mm×297mm(백상지(80g/㎡) 또는 중질지(80g/㎡))

나. 구조본부 비상가동 운영기준

단계	운영기준
대비 단계	- 태풍·지진해일 등 관련 기상정보가 생산되어 자연재난 발생이 예상되는 경우 - 자연재난이 발생하여 중앙재난안전대책본부 "비상 1단계"를 발령한 경우 - 종합상황실의 사고대응에 단기적인 지원이 필요하다고 각급 조정관이 판단하는 경우 - 해양재난으로 인해 하급 구조본부가 대응 1단계 이상 비상가동 하고 있어 상급 구조본부에서 지원이 필요한 경우 - 그 밖에 구조본부장이 필요하다고 판단하는 경우

대응
1단계
	- 사회재난이 발생하여 장기간 수색구조가 예상되거나 종합상황실 인력으로는 대응이 곤란한 사고로 다음 각 호의 경우
	  1. 대규모 인명구조활동이 필요하거나 다수 실종자 발생
	  2. 민간 항공기 추락(추정)
	- 태풍, 지진해일 관련 예비특보가 발표되어 자연재난 발생 가능성이 있는 경우
	- 자연재난이 발생하여 중앙재난안전대책본부 "비상 2단계"를 발령한 경우
	- 그 밖에 구조본부장이 필요하다고 판단하는 경우

대응 2단계	- 사고의 규모 및 사회적 파장이 매우 큰 대형 해양재난으로 인해 대응 1단계로는 대응이 곤란한 경우 - 민·관·군 세력의 조직적 동원, 현장기능 보급지원 등이 필요한 경우 - 태풍, 지진해일 관련 주의보가 발령되어 자연재난 발생 가능성이 현저한 경우 - 그 밖에 구조본부장이 필요하다고 판단하는 경우
대응 3단계	- 대응 2단계의 조건에서 확대 대응이 필요하거나 수습, 복구활동이 요구되는 대규모 해양오염사고, 대규모 유□도선 사고의 경우 - 범국가적 차원의 대응이 필요하거나 재난의 규모가 대응 2단계로는 대응이 곤란하다고 판단되는 경우 - 태풍, 지진해일 관련 경보가 발령되어 자연재난 발생 가능성이 매우 현저한 경우 - 그 밖에 구조본부장이 필요하다고 판단하는 경우

5. 인명구조장비 기본규격

장비명	세부내용
구명조끼	1. 외형은 조끼형태로 반사 성능이 있는 재질을 부분적으로 사용하여 야간에도 식별이 용이하여야 하며, 공기주입 장치 없이 물에 뜨는 성질을 가져야 한다.(70kg 초과하는 체중에도 적응성 있는 부력 성능을 가질 것) ※ 물에 24시간 이상 잠긴 후에도 95% 부력 유지 2. 외부의 도움 없이 혼자 착용이 가능하여야 한다. 3. 고정방식은 매듭을 묶는 것을 요구하지 아니하는 신속하고 적극적인 고정방식을 가져야 한다. 4. 한쪽 방향으로만 또는 안쪽에서 밖으로 명백히 착용할 수 있어야 한다. 5. 1미터 이상의 높이에서 뛰어 들더라도 구명조끼가 벗겨지거나 손상되지 아니하여야 한다. 6. 소재, 무게, 부력 성능, 착용 적합 사이즈 등의 제원을 사용자가 볼 수 있도록 제품에 표기하여야 한다.
구명튜브	1. 외형은 튜브형태로 외부 공기 주입 없이 물에 뜨는 성질을 가져야 한다. ※ 부력 성능을 외면에 표기할 것 2. 반사 성능이 있는 표지를 부착하여 야간에도 식별이 용이하여야 한다. 3. 염분 및 습기에 의한 부식이 없어야 한다. 4. 구명줄을 쉽게 결속할 수 있는 구조여야 한다. 5. 구명튜브를 던지거나 조난자가 쉽게 잡을 수 있도록 측면에는 끈이 달려 있어야 한다.
구명줄	1. 가볍고 물에 뜨는 성질을 가져야 한다. 2. 수상에서도 식별이 용이한 색상이어야 한다. 3. 두께는 6mm이상, 길이는 20m 이상이어야 한다. 4. 인장강도는 1,000kg 이상 이어야 한다.

6. 신임 구조견 운용자 선발기준 (119구조견 관리운용 규정)

■ 선발기준 및 고려사항

구분	내용
선발기준	① 운용자 임무수행 5년 이상 가능한 대원 ② 애견훈련 관련 자격 또는 경험이 있는 대원 ③ 견 관련 질병(호흡기 질환, 알러지 등) 과 무관한 대원 ④ 산악등반, 로프, 도시탐색교육 관련 자격 또는 경험이 있는 대원 ⑤ 가정견 또는 예전에 견을 사육 관리한 경험이 있는 대원 ⑥ 기타 견(犬)에 대한 전문지식 및 인품 등 발전가능성 ⑦ 체력(당해 연도 체력검정자료 참고) 등
고려사항	☞ 소방장 이하 또는 35세 미만의 구조대원으로 가급적 선발 * 구조견 은퇴 교체주기(평균 5년), 선발 후 5년이상 운용자 임무수행 후 소방본연의 임무로 복귀(임무기간 제한)

■ 구조견 운용자 선발 심사지표

▶일 자 :	▶소 속 :	▶계 급 :	▶성 명 :

서류심사 평가요소					평가결과
소방위 이하	훈련자격	관계질병	유사경력	가능성/체력	
적합	부적합				

	평가 요소	기준 점수	평가점수
채점	① 임무수행 5년 이상 가능성	상 3점, 중 2점, 하 1점	점
	② 개(犬) 전문지식 및 품행(성실 등)	상 3점, 중 2점, 하 1점	점
	③ 개(犬) 관련 관계 질병 (일괄 3점부여)	상 3점, 중 2점, 하 1점	점
	④ 유사경력(가정견 사육, 훈련 등)	상 3점, 중 2점, 하 1점	점
	⑤ 교육이수(운용자 기초반, 도탐반, 로프 등)	상 3점, 중 2점, 하 1점	점
	⑥ 개(犬) 관련 학과 졸업 및 자격	상 3점, 중 2점, 하 1점	점
	⑦ 운용자 발전가능성	상 3점, 중 2점, 하 1점	점
	⑧ 체력(당해 연도 체력검정평가 참고)	▶ 7점 이상 : 9점 ▶ 7점 ~ 5점 : 6점 ▶ 5점 이하 : 3점	점
합 계		30점 만점	점
위원 성명		(서명 또는 인)	

7. 훈련견 도입평가 기준

119구조견 관리운용 규정 [별표 1]

• 일 자 :	• 견명 / 출생일 :	• 마이크로칩 번호 :
• 소유자 :	• 견종 / 성별 :	

항목	평가 기준 및 내용	배점 (100점)	항목별 평가 점수					점수 합계
			매우 우수	우수	보통	미흡	불량	
소유욕 (20점)	① 기호품에 대한 소유욕 및 집중력 평가 (넝쿨지 및 풀숲 5m 거리에 기호품 투척)	10점	☐10	☐8	☐6	☐4	☐2	
	② 5회 투척 후 추격 및 회수 지구력 평가 (평지 20m정도 투척 후 지구력 등 체력 검증)	10점	☐10	☐8	☐6	☐4	☐2	
사회성 (20점)	① 대견친화 반응 및 행동 평가 (낯선 견 2두 대상 접촉 및 이동시 반응 관찰)	10점	☐10	☐8	☐6	☐4	☐2	
	② 대인 및 군중에 대한 반응 및 성품평가 (4명의 낯선 군중에 대한 반응 관찰)	10점	☐10	☐8	☐6	☐4	☐2	
활동성 (20점)	① 자연 환경에 대한 적응성 평가 (산악, 넝쿨지, 불균형 지형 이동성 관찰)	10점	☐10	☐8	☐6	☐4	☐2	
	② 붕괴지 등 불안전한 지형에 대한 평가 (재난지형, 계단, 건물 이동성 관찰)	10점	☐10	☐8	☐6	☐4	☐2	
적응력 (20점)	① 총성 적응상태 및 감정회복력 평가 (동반 총성 1회, 견줄놓고 이격되어 1회)	10점	☐10	☐8	☐6	☐4	☐2	
수색능력 (20점)	① 수색의욕 및 목적인식, 희구성 평가	10점	☐10	☐8	☐6	☐4	☐2	
	② 발견 시 행동(통보성향 및 이탈 등) 평가	10점	☐10	☐8	☐6	☐4	☐2	
장애물 능력 (10점)	① 수평사다리 통과 인지능력 평가	5점	☐5	☐4	☐3	☐2	☐1	
	② 복합터널 통과 인지능력 평가	5점	☐5	☐4	☐3	☐2	☐1	

Ⓐ 적합성 평가결과	합격 / 불합격	최종 결과 [Ⓐ + Ⓑ]	합격 / 불합격
Ⓑ 수의검진 평가결과	적합 / 부적합		

수의 검진 (적/부)	검진부위 및 세부항목	적합 여부	검진부위 및 세부항목	적합 여부
	① 눈 (운동성, 대칭성, 안검, 결막 등)	☐적합 ☐부적합	⑨ 폐 (폐활량 음 등)	☐적합 ☐부적합
	② 귀 (통증, 청각상태 등)	☐적합 ☐부적합	⑩ 심장 (심박동 음 등)	☐적합 ☐부적합
	③ 코 (분비물, 패드, 비강상태 등)	☐적합 ☐부적합	⑪ 복부 (크기, 형태, 종양, 허니아 등)	☐적합 ☐부적합
	④ 입 (호흡, 점막색상, 혀, 교합상태 등)	☐적합 ☐부적합	⑫ 유선 (크기, 종양 등)	☐적합 ☐부적합
	⑤ 치아 (총42개 위·아래턱 ± 2개 허용 등)	☐적합 ☐부적합	⑬ 다리 (앞/뒤 보행, 통증, 부종, 패드)	☐적합 ☐부적합
	⑥ 인 후두 (부종, 색상, 감염 등)	☐적합 ☐부적합	⑭ 피부 (비듬, 탈모, 감염상태 등)	☐적합 ☐부적합
	⑦ 머리/목 (림프절, 기관지, 갑상선 등)	☐적합 ☐부적합	⑮ 생식기 (형태, 감염, 분비물)	☐적합 ☐부적합
	⑧ 흉강 (형태, 호흡, 부종 등)	☐적합 ☐부적합	⑯ 항문 (항문낭, 분비물, 탈모 보)	☐적합 ☐부적합

◇ 도입평가 : 구조견 양성을 위한 기본성품 및 건강상태 검진 등을 통한 우수 훈련견 확보를 위한 평가
  ☞ 평가방법 : 각 항목 별 평가기준 및 수의검진 평가결과를 종합하여 합격여부 결정
    ∗ 적합성 평가(5개 항목 11개 세부항목 평가), 수의검진 평가(16개 부위 50개 항목 검진평가)
  ☞ 도입대상 : 견 령 12~24개월 이하의 번식에 의한 견
  ☞ 합격기준 : 적합성 평가(총점 70점 이상 취득) 및 수의검진 평가(적합판정)시 합격
    ∗ 평가 중 공격성향 표출 및 적합성 평가 11개 세부항목 중 60% 이상 미취득 시 부분과락 불합격 처리
    ∗ 사회성 및 적응성 평가에서 불합격한 개체는 반복하여 평가에 응시할 수 없다.

▶ 심사관 :   (서명 또는 인)   ▶ 감독관 :   (서명 또는 인)

169

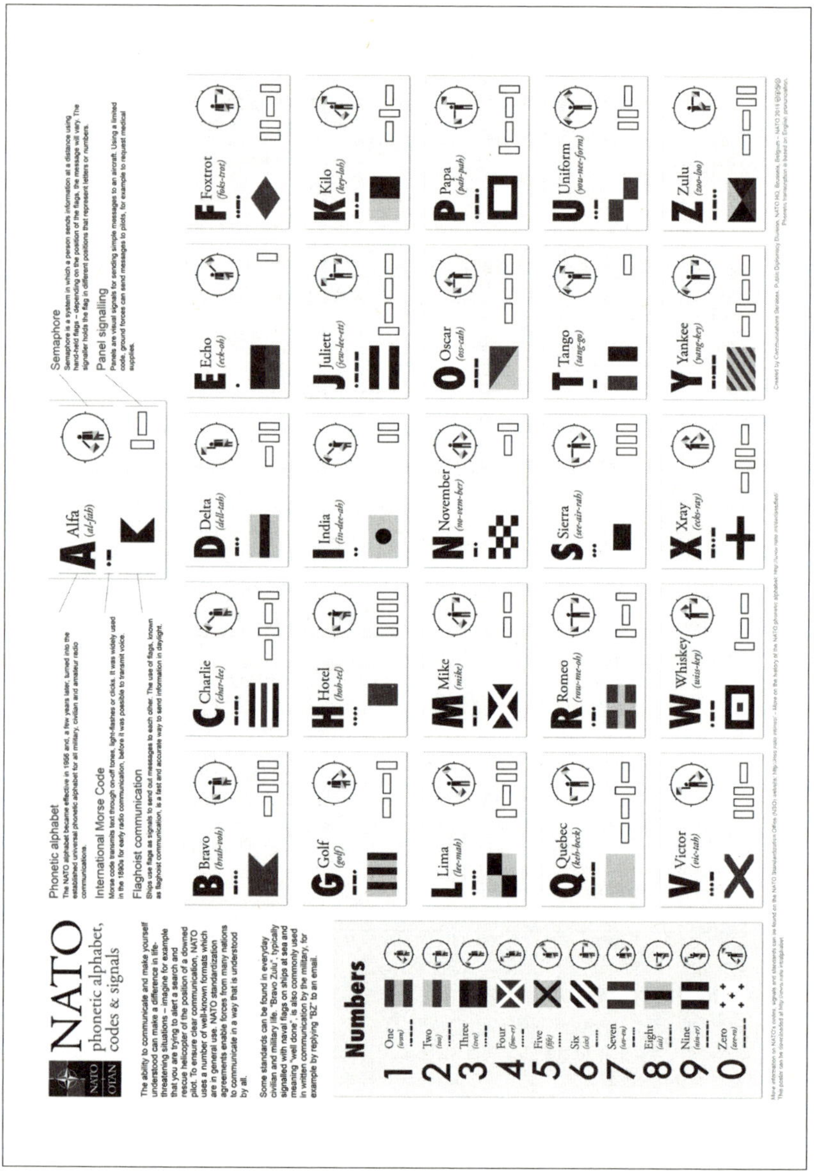
NATO OTAN
NATO
phonetic alphabet, codes & signals
The ability to communicate and make yourself understood can make a difference in life-threatening situations – imagine for example that you are trying to alert a search and rescue helicopter of the position of a downed pilot. To ensure clear communication, NATO uses a number of well-known formats which are in general use. NATO standardization agreements enable forces from many nations to communicate in a way that is understood by all.
Some standards can be found in everyday civilian and military life. "Bravo Zulu", typically signalled with naval flags on ships at sea and meaning "well done", is also commonly used in written communication by the military, for example by replying "BZ" to an email.
Phonetic alphabet
The NATO alphabet became effective in 1956 and, a few years later, turned into the established universal phonetic alphabet for all military, civilian and amateur radio communications.
International Morse Code
Morse code transmits text through on-off tones, light-flashes or clicks. It was widely used in the 1890s for early radio communication, before it was possible to transmit voice.
Flaghoist communication
Ships use flags as signals to send out messages to each other. The use of flags, known as flaghoist communication, is a fast and accurate way to send information in daylight.
Semaphore
Semaphore is a system in which a person sends information at a distance using hand-held flags – depending on the position of the flags, the message will vary. The signaller holds the flag in different positions that represent letters or numbers.
Panel signalling
Panels are visual signals for sending simple messages to an aircraft. Using a limited code, ground forces can send messages to pilots, for example to request medical supplies.
A Alfa (al-fah)
B Bravo (brah-voh)
C Charlie (char-lee)
D Delta (dell-tah)
E Echo (eck-oh)
F Foxtrot (foks-trot)
G Golf (golf)
H Hotel (hoh-tel)
I India (in-dee-ah)
J Juliett (jew-lee-ett)
K Kilo (key-loh)
L Lima (lee-mah)
M Mike (mike)
N November (no-vem-ber)
O Oscar (oss-cah)
P Papa (pah-pah)
Q Quebec (keh-beck)
R Romeo (row-me-oh)
S Sierra (see-air-rah)
T Tango (tang-go)
U Uniform (you-nee-form)
V Victor (vic-tah)
W Whiskey (wiss-key)
X Xray (ecks-ray)
Y Yankee (yang-key)
Z Zulu (zoo-loo)
Numbers
1 One (wun)
2 Two (too)
3 Three (tree)
4 Four (fow-er)
5 Five (fife)
6 Six (six)
7 Seven (sev-en)
8 Eight (ait)
9 Nine (nin-er)
0 Zero (zee-ro)

부록

9. 소방분야 전문용어 표준화

소방분야 전문용어 표준화 고시 [별표]

번호	분야	대상 용어	원어	최종안	사용 예
1	소방	부서	-	배치	불이 난 건물 주변으로 연소가 확대되는 것을 저지하기 위해 소방 차량을 부서(→ 배치)하고 진화작업을 실시한다.
2		요구조자	要救助者	구조 대상자	각종 재난 현장에서 소방관들은 요구조자(→ 구조 대상자)의 생명을 지키기 위해 최선을 다한다
3		농연	濃煙	짙은 연기	지하에서 발생한 화재는 농연(→ 짙은 연기)으로 인해 대피하기 어렵다
4		스크레이퍼	scraper	긁개	구조대원들이 처마에 달려있는 벌집과 잔여물을 스크레이퍼(→ 긁개)를 이용하여 제거하였다
5		구조대	救助袋	대피용 자루	구조대(救助隊)가 도착하기 전에 불이 난 건물 4층에 고립되어 있던 사람들은 구조대(救助袋)(→ 대피용 자루)를 이용하여 안전하게 대피했다
6		해정기	解錠器	문 개방기	구조대원이 화재건물 2층의 굳게 잠긴 방화문을 해정기(→ 문 개방기)로 신속하게 열었다
7		수보	受報	신고 접수	119상황실은 대형화재가 발생하자 119수보(→ 신고 접수)가 폭증하였다
8		소방호스클램프	消防 hose clamp	소방 호스 집게	화재 현장에서 소방호스클램프(→ 소방 호스 집게)가 없으면 고압의 물이 흐르는 상태에서 호스를 교체하기 어렵다
9		선탑자	先搭者	운행 책임자	구조공작차는 홍길동 구조대장이 선탑자(→ 운행 책임자)이다
10		봄베	Bombe	공기통	소방대원이 화재 진압 후 사용한 봄베(→ 공기통)를 충전하고 있다

171

11		잔화	殘火	잔불	공장에서 발생한 화재의 초기 진화 후 잔화(→ 잔불) 정리를 하고 있다
12		OB백	OB (의학용어) Obstetrics & Gynecology Bag	분만 가방	구급 차량에는 임신부 응급 분만을 위한 OB백(→ 분만 가방)을 적재하고 있다
13		귀소	歸巢	복귀	출동 차량의 귀소(→ 복귀)를 명령함

10. 119구조·구급에 관한 법률

119구조·구급에 관한 법률(시행령, 시행규칙)

11. 119 소방 강령

119 소방 강령

나는 자랑스러운 대한민국 소방공무원으로서 재난과 사고로부터 국가와 국민을 지키기 위해 희생과 봉사의 정신으로 직분을 성실히 수행하며, 생명을 지키는 숭고한 사명을 다하기 위하여 다음과 같이 다짐한다.

하나, 나는 국가의 안전을 지키는 준엄한 소명 앞에 솔선·헌신한다.
하나, 나는 국민의 생명과 재산을 지키기 위해 최선을 다한다.
하나, 나는 명예, 신뢰, 안전을 바탕으로 조직의 규율을 지킨다.
하나, 나는 동료의 안전을 먼저 생각하고 전문가로서의 책무를 다한다.

Rescues

참고 문헌

강경순·정현민 외(2014). 재난응급구조와 인명구조. 범문에듀케이션.
국토교통부(2020). 전문적인 관리점검을 통해 붕괴, 화재 등 건축물 안전사고를 사전에 예방하겠습니다.
김경태·권진구·이근홍(2020). 스킨스쿠버 입문. 지우북스.
니혼분게이샤(2015). 매듭 교과서. 박재영 옮김. 하네다 오사무 감수. 보누스.
류상일·구재현·권설아·가기현(2020). 소방관계법규. 윤성사.
박경환(2018). 충돌로 발생하는 자동차 화재사고. Disaster & Safety 20(4). 국립재난안전연구원.
보건복지부(2022). 응급구조사 자격신고 및 보수교육.
서울특별시 소방재난본부 은평소방서(2018). 안전한 한국생활(외국인을 위한 소방안전 가이드북).
육현철(2022). 스킨스쿠버 다이빙론. 글누림출판사.
이원태·오수일·서길준(2019). 수상안전과 인명구조. 의학서원.
중앙소방학교(2022). 소방전술Ⅱ (구조).
중앙119구조대(2000). 첨단 인명 탐색장비 매뉴얼.
채 진·임동균(2021). 인명구조학개론. 동화기술.
채 진(2021). 화재진압론. 동화기술.
채 진(2023). 소방학개론. 윤성사.
한국소방안전원(2023). 1급 소방안전관리자.
한정민(2022). 감압병. 119plus 37. 소방방재신문사.
허경태(2007). 산불진화 헬기가 등산사고 구조에 투입되는 이유. 국정홍보처.
해양경찰청(2022). 해상조난사고 통계연보.

Delmar Thomson Learning(2004). *Firefighter's Handbook: Essentials of Firefighting and Emergency Response*. The 2002 edition of the NFPA 1001 Standard.
David W. Dodson(2020). *Fire Department Incident Safety Officer*. Jones & Bartlett Learning.
Forest F Reeder·Alan E Joos(2019). *Fire and Emergency Services Instructor: Principles and Practice*. Jones & Bartlett Learning.
IFSTA(2019). *Essentials of Fire Fighting*. IFSTA.

참고 문헌

119구조·구급에 관한 법률
소방기본법
소방장비관리법
위험물안전관리법
의무소방대설치법
의용소방대 설치 및 운영에 관한 법률
재난 및 안전관리 기본법
초고층 및 지하연계 복합건축물 재난관리에 관한 특별법
화재의 예방 및 안전관리에 관한 법률

국가법령정보센터 www.law.go.kr
소방청 www.nfa.go.kr
소방청 국가위험물통합정보시스템 https://hazmat.nfa.go.kr
소방청 국가화재정보시스템 www.nfds.go.kr
손말이음센터(청각장애인이용서비스, 국번없이 107) https://107.relaycall.or.kr/user/main
안전신문고 www.safetyreport.go.kr
유튜브 소방청 www.youtube.com/@NFA_119
중앙소방학교 www.nfa.go.kr
중앙119구조본부 www.rescue.go.kr
제주농in (응급의료 수어가이드) https://www.youtube.com/@Jejudeaf1/search?query=%EC%9D%91%EA%B8%89
한국소방방송 https://119fbn.fire.go.kr
한국승강기안전원 www.keso.kr
항공철도사고조사위원회 https://araib.molit.go.kr
행정안전부 국민안전체험관 https://www.mois.go.kr/frt/sub/a06/b10/safetyExperience/screen.do

Federal Emergency Management Agency https://www.fema.gov/ko
THE NATO PHONETIC ALPHABET(북대서양조약기주 음성 알파벳)
https://www.nato.int/cps/en/natohq/declassified_136216.htm#R765986-619F9C7d

영상 자료

참고 영화

- 타워링(The Towering Inferno, 1974)
  https://youtu.be/UvyHlR-V0B0?si=Okz0f7WlfzBGRxdT
- 분노의역류(Backdraft Trailer, 1991)
  https://youtu.be/rTwgbwYTWdQ?si=s8YjkbR0UJH8CnZp
- 가디언(The Guardian - Movie Trailer, 2006)
  https://youtu.be/xnih2FX3y_4?si=FB5je1slXnng2hl0
- 온리 더 브레이브(Only the Brave Trailer, 2017)
  https://youtu.be/EE_GY6zccqc?si=0vjlMUHcAWnGIOgn
- 쓰루 더 파이어(Through the Fire / Sauver ou périr, 2018)
  https://youtu.be/gDdjaFjyyhc?si=sHiOSkKNDC1ayQ7v

제1장 구조 개론

- 극한직업(Extreme JOB) 인명구조요원 1부(EBSDocumentary)
  https://youtu.be/M57RqKGkkXY?si=CyRATCAFvEz0y7SH
- 극한직업(Extreme JOB) 인명구조요원 2부(EBSDocumentary)
  https://youtu.be/nx1GLalENiY?si=DSTxmg0lQ1-Blzp7
- 서울에서 가장 바쁜 곳 중 하나인 강서소방서 구급대의 일상(KBS 2019.06.23.)
  https://youtu.be/373NjnU1uss?si=UyjMZ-_Lq62SawZ7
- Rescue Tree : https://www.rescue3.com
- 24시간 2교대?! 세상에서 가장 바쁘고 위험한 직업 "나는 소방관이다"(KBS 2016.03.05.) https://youtu.be/s4a90W_vWkk?si=KirQ1Qw8epkv0vpa
- 전국 최초 여성 '인명구조사' 탄생(YTN 사이언스)
  https://youtu.be/rEl2_JbNQ6s?si=E3FiclK68gycVhg3

제2장 구조활동

- Extreme JOB, 응급구조사 1부(EBSDocumentary)
  https://youtu.be/6hiLrSJTXEY?si=7M6iz_qhkTNkrSsO
- Extreme JOB, 응급구조사 2부(EBSDocumentary)
  https://youtu.be/NqnQuVrLyvo?si=qb_LsELoB9rrK4mc

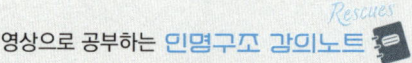

참고 문헌

- 한국 긴급구호대 구호 활동 돌입…생존자 연이어 구조(KBS 2023.02.09.)
  https://youtu.be/9IKXGmZAkCU?si=pUMKJa4kq4Z0L9IG
- 중앙119구조본부 : https://www.youtube.com/@nrhq1199/videos

제3장 구조장비

- 로프 총

  https://www.google.com/search?q=Line+Throwing+Gun&tbm=isch&ved=2ahUKEwjcnrrh6a6DAxX-qlYBHSQOCo8Q2-cCegQIABAA&oq=Line+Throwing+Gun&gs_lcp=CgNpbWcQAzoHCAAQgAQQE1D6A1j6A2CYCWgAcAB4AIABwwGIAagCkgEDMC4ymAEAoAEBqgELZ3dzLXdpei1pbWfAAQE&sclient=img&ei=Sa6LZZzWNP7V2roPpJyo-Ag&bih=963&biw=1920

- 마취 총

  https://www.google.com/search?q=Tranquilizer+gun&sca_esv=593908511&tbm=isch&source=lnms&sa=X&ved=2ahUKEwiGn9Hg6a6DAxUDp1YBHS7WDzsQ_AUoAnoECAIQBA&biw=1920&bih=963&dpr=1

- 이게 다 된다고? 첫 대회에서 제대로 찢었다 ☞제1회 ONE TEAM 로프구조경연대회 현장을 가다!(소방청TV)

  https://youtu.be/ljaxAqBZVqI?si=UVXrsUHgLOH3qc7-

- 슬링

  https://www.google.com/search?q=sling+belt&tbm=isch&hl=ko&sa=X&ved=2ahUKEwjkisbN6q6DAxVaEXAKHXcjDlQQrNwCKAB6BQgBEIQB&biw=1903&bih=946

- 안전벨트

  https://www.google.com/search?q=safety+belt&tbm=isch&ved=2ahUKEwjXxpPg6q6DAxW5Q_UHHYDRB8gQ2-cCegQIABAA&oq=safety+belt&gs_lcp=CgNpbWcQAzIFCAAQgAQyBggAEAcQHjIGCAAQBxAeMgYIABAHEB4yBggAEAcQHjIGCAAQBxAeMgYIABAHEB4yBggAEAcQHjIGCAAQBxAeMgYIABAHEB46BggAEAgQHlCWBViWBWCkDWgAcAB4AIABrAGIAakCkgEDMC4ymAEAoAEBqgELZ3dzLXdpei1pbWfAAQE&sclient=img&ei=U6-LZZzfRIrmH1e8PgKOfwAw&bih=946&biw=1903&hl=ko

- 8자 하강기

  https://www.google.com/search?q=rescue+8+Clamp&tbm=isch&ved=2ahUKEwiRqM-p666DAxXNtIYBHWG5DRgQ2-

cCegQIABAA&oq=rescue+8+Clamp&gs_lcp=CgNpbWcQAzoHCAAQgAQQEz
oICAAQBxAeEBM6CAgAEAgQHhATOgglABAIEAcQHIDNCFjOMmC6M2gFcA
B4AIABc4gBhgySAQQ0LjExmAEAoAEBqgELZ3dzLXdpei1pbWfAAQE&sclient
=img&ei=7a-LZdH9Js3t2roP4fK2wAE&bih=946&biw=1903&hl=ko

- 그리그리
https://www.google.com/search?q=GriGri&tbm=isch&ved=2ahUKEwiV_bm-
666DAxW0h1YBHSq_BcAQ2-cCegQIABAA&oq=GriGri&gs_lcp=CgNpbWcQA
zIFCAAQgAQyBAgAEB4yBAgAEB4yBAgAEB4yBAgAEB4yBAgAEB4yBAgAE
B4yBAgAEB4yBAgAEB4yBAgAEB5QygVYygVg4AhoAHAAeACAAXCIAdMBk
gEDMS4xmAEAoAEBqgELZ3dzLXdpei1pbWfAAQE&sclient=img&ei=GbCLZd
WMFLSP2roPqv6WgAw&bih=946&biw=1903&hl=ko

- 스톱 하강기
https://www.google.com/search?q=stopper+belay&tbm=i
sch&ved=2ahUKEwiQ96XZ666DAxW3gFYBHXIQCXMQ2-
cCegQIABAA&oq=stopper+belay&gs_lcp=CgNpbWcQAzoHCAAQgAQQEzoIC
AAQBxAeEBM6CAgAEAUQHhATOgglABAIEB4QEzoGCAAQHhATOgUIABCA
BDoECAAQHjoGCAAQCBAeOgYIABAFEB5QrANYIydg8S1oAHAAeACAAXCIA
d0JkgEEMi4xMJgBAKABAaoBC2d3cy13aXotaW1nwAEB&sclient=img&ei=Ub
CLZdCKJreB2roP8qCkmAc&bih=946&biw=1903&hl=ko

- 카라비너
https://www.google.com/search?q=Carabiner&tbm=isch&ved=2ahUKEwijno
Ti666DAxXk0DQHHUhhAeAQ2-cCegQIABAA&oq=Carabiner&gs_lcp=CgNpb
WcQAzIFCAAQgAQyBQgAEIAEMgUIABCABDIFCAAQgAQyBAgAEB4yBAgA
EB4yBAgAEB4yBAgAEB4yBAgAEB4yBAgAEB5Q0lRY0lRgjlhoAHAAeACAAX
WIAcsCkgEDMC4zmAEAoAEBqgELZ3dzLXdpei1pbWfAAQE&sclient=img&ei
=Y7CLZePgOeSh0-kPyMKFgA4&bih=946&biw=1903&hl=ko

- 등강기
https://www.google.com/search?q=Ascension+Clamp&tbm
=isch&ved=2ahUKEwi4rNnt666DAxXOhVYBHWoECw8Q2-
cCegQIABAA&oq=Ascension+Clamp&gs_lcp=CgNpbWcQAzoFCAAQgA
Q6BAgAEB46BggAEAcQHIC0A1i0A2DUB2gAcAB4AIABcogB1gGSAQM
wLjKYAQCgAQGqAQtnd3Mtd2l6LWltZ8ABAQ&sclient=img&ei=fLCLZbj-
GM6L2roP6oiseA&bih=946&biw=1903&hl=ko

- 로프 꼬임 방지기

참고 문헌

https://www.google.com/search?q=SWIVEL&tbm=isch&ved=2ahUKEwiLsJKF7K6DAxWtpVYBHeKXB68Q2-cCegQIABAA&oq=SWIVEL&gs_lcp=CgNpbWcQAzIFCAAQgAQyBQgAEIAEMgUIABCABDIFCAAQgAQyBQgAEIAEMgUIABCABDIFCAAQgAQyBQgAEIAEMgUIABCABDIFCAAQgARQsQhYsQhgtAtoAHAAeACAAXCIAcwBkgEDMS4xmAEAoAEBqgELZ3dzLXdpei1pbWfAAQE&sclient=img&ei=rbCLZcuII63L2roP4q-e-Ao&bih=946&biw=1903&hl=ko

- 수평 2단 도르래
https://www.google.com/search?q=TANDEM+Pulley&tbm=isch&ved=2ahUKEwjDI7KW7K6DAxWH1TQHHY4IBpoQ2-cCegQIABAA&oq=TANDEM+Pulley&gs_lcp=CgNpbWcQAzIHCAAQgAQQEzIICAAQCBAeEBMyCAgAEAgQHhATMggIABAFEB4QEzIICAAQBRAeEBMyCAgAEAgQHhATOgUIABCABFBOWNMCYKkFaABwAHgAgAGAF2iAHRApIBAzAuM5gBAKABAaoBC2d3cy13aXotaW1nwAEB&sclient=img&ei=0bCLZYPrLYer0-kPjpGY0Ak&bih=946&biw=1903&hl=ko

- 정지형 도르래
https://www.google.com/search?q=WALL+HAULER&tbm=isch&ved=2ahUKEwi1uuWa7K6DAxXxm1YBHRqnA68Q2-cCegQIABAA&oq=WALL+HAULER&gs_lcp=CgNpbWcQAzIHCAAQgAQQEzoICAAQCBAeEBM6CAgAEAcQHhATUN4EWN4EYM4GaABwAHgAgAFpiAHPAZIBAzAuMpgBAKABAaoBC2d3cy13aXotaW1nwAEB&sclient=img&ei=2rCLZbXlO_G32roPms6O-Ao&bih=946&biw=1903&hl=ko

- [원.픽.템 언박싱] 6화 방사선측정기 사용 시 주의사항(원자력안전위원회)
https://youtu.be/_BGeLPv4fxM?si=LDkkbwplT0W4WUEZ

- [원.픽.템 언박싱] 방사선 측정기 휴대용 방사선량률 측정기(원자력안전위원회)
https://youtu.be/2lbPt_iUJIQ?si=fUSEiMGJrp-xBoFe

- [원.픽.템 언박싱] 휴대용 핵종분석기(원자력안전위원회)
https://youtu.be/b5waeku9PVE?si=3TB0Bclyw0wa0mUG

- 공기호흡기 장착 및 비상호흡법(강원특별자치도 소방본부)
https://youtu.be/gsu4HW3TrwI?si=4AWQ71ufARZKFkmp

- 공기안전매트 소방실무 무작정 따라하기 EP05 | 인명구조매트(창원소방본부)
https://youtu.be/eabq0-HZlQg?si=1kc04EnFzGPJmRFY

- 대한민국 산불진화 헬기 최초 공개(안동MBC NEWS)
https://youtu.be/hNT_wssfp6g?si=_Wxmt6su6EHcDiBC

- 해운대 30층 호텔 불...고층까지 연기 퍼져 헬기 구조(YTN)

https://youtu.be/j3YSCkBv450?si=lnS4filyPB2ywKOu

제4장 구조 훈련

- 로프매듭법(제41기 신규임용자과정, 부산소방학교 화재교관팀)
  https://youtu.be/JJJ9XQO-GUI?si=FLAEOCBBIE2897ma
- 일상생활에 유용한 12가지 매듭법(한국산업로프협회)
  https://youtu.be/n62RkbCo0RQ?si=30JpJynM-0rLWUoW
- 로프 관련 고급 정보(Petzl Professional)
  https://www.youtube.com/@petzlprofessional/videos
- 고통받지 않는 로프 회수법(국립소방연구원)
  https://youtu.be/lZH5n-SDPxA?si=TYE8lyZvdqOOfLz0
- 광산 '뚫린 갱도' 발견…음향탐지기로 위치 확인(KBS 2022.11.03)
  https://www.youtube.com/watch?v=banzAnKvWjQ

제5장 구조 유형

- 소방시설 점검 표준 매뉴얼 제 9편 : 공기호흡기(서울소방)
  https://youtu.be/Ox0vDIMmtyU?si=fAMXCDVGVF8KO6jf
- 기계에 손목 끼인 근로자…4시간 구조 '진땀'(SBS 뉴스)
  https://youtu.be/WYRSaY_uC9Q?si=9rMsZrlOGsYChpwf
- 승용차 일반사고 차량 하부 요구조자 구조 교육영상(서울소방)
  https://youtu.be/eqo667PSqNk?si=FBjqZyD7bkzeKr2S
- 119구조대가 알려주는 수난사고 대응방법(전북소방)
  https://youtu.be/E4qtnvFvP-0?si=r29eSXqW_qpCEUIf
- 앗 하는 순간 풍덩! 빙판사고 대처 이렇게(연합뉴스TV)}
  https://youtu.be/r6XZK_Dp7Lk?si=B-xMs-z78xVzZLn0
- 사망에 이르게 하는 잠수병 원인과 대처법은?(YTN 사이언스)
  https://youtu.be/g9evV7siG44?si=a6m15FmB_KeSyOjC
- 가정의 달 특집 119수난구조대 1~2부(EBSDocumentary)
  https://youtu.be/NWt4VX-_KFI?si=qI-2ceUIqyPGicuK
- 강남 철거 현장 붕괴…매몰자 1명 구조(YTN)
  https://youtu.be/Oo4K3_pS5d8?si=Ic6c4uVKndIMG5rw
- 대형 지진으로 건물 붕괴하면?…매몰자 찾고 구조(YTN)
  https://youtu.be/F8iaPRGV8Jo?si=MrxFtXtPwDe56XZS

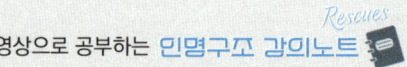

참고 문헌

- 아시아나 여객기 추락사고 1993.7.26.(KBS 2021.07.26)
  https://youtu.be/qofNuQfw5vg?si=_zVidmGBWer43cgy
- 승강기 갇힘사고 구조훈련 실시(안동MBC NEWS)
  https://youtu.be/UV8CMd13ds0?si=F6Ns_9YkyNBRBf7e
- 맨홀밀폐공간 인명구조훈련(서울소방)
  https://youtu.be/kzuN0XYyLAU?si=aR8bG-tjR44DPm_x

- 2022 전국 특수구조대 연찬자료 싱크홀 로프구조(서울119특수구조대 김형우)
  https://youtu.be/Y9PwEB5LgZQ?si=kTb24d8auKZ5i-LY
- 토관 공사 중 무너져 버린 토사…그리고 빠져나오지 못한 인부들 '토관 속 90분'(KBS 1996.05.07)
  https://youtu.be/koXT4mgVUFg?si=O5hGTxByUPG3Z1ET
- 산사태에 하반신 매몰된 골프장 직원들…긴박한 구조 현장(SBS 뉴스)
  https://youtu.be/5L8IIHJyCwI?si=WIx_3OLIfgg8OfAh
- 생명을 지켜주는 인명 구조견들(KBS Entertain 2020.07.20)
  https://youtu.be/B3tFHS3Fp7E?si=fCxt629nTm0-wSo9
- 119인명구조견, 탑독(Top dog)의 주인공은?(소방청TV)
  https://youtu.be/PXfv-yxs8Qs?si=QuU7ka2LNWBYRkob
- 높이 58m 다리 밑으로 떨어진 LPG 가스통을 가득 실은 트럭, 동양 최고 구조 작전(KBS 970910)
  https://youtu.be/toLUHmnUUiY?si=3vr-t7Op00ZzwcDN
- XX공장에 유해화학물질 누출! 구조출동(119안방)
  https://youtu.be/NzTGnrdmUuY?si=J8-MSYPIC20iSW3t
- 화생방 제독소 시스템 절차(강원 소방 119 특수구조단긴급기동팀)
  https://youtu.be/Gt-CVmhvjy0?si=puqPjdkv565JZPff
- 북한산 인수봉 암벽 등반 중 끊어져 버린 로프 '겨울 인수봉 끊어진 생명줄'(KBS 1998.12.06)
  https://youtu.be/HJD10z1tx78?si=Pmc0-PHPW4ra9Utj
- [국립공원 특수산악구조대] 수직 벽상구조 훈련(북한산국립공원도봉사무소)
  https://youtu.be/PG3RUcKZhk0?si=ObUyNIEbkMJuo1J1

제6장 생활 안전 관리

- 긴박했던 문개방 현장영상(인천소방TV)

https://youtu.be/lrOrmx12_C8?si=9-M-jy5CNKs_Wwud
- 벌집 발견? 출동 119!(YTN 사이언스)
https://youtu.be/NmXz7H4V5Ww?si=nf-ZNltbDvJwIiwq
- 마을에 출몰한 야생 멧돼지의 운명은..?(KBS동물티비)
https://youtu.be/fDxiCSzazSw?si=yVr_EPd9Jt1xoNu9
- 어쩌다 맹견이 우리 집 앞으로 왔나…평온한 아파트 앞 유혈 사태 발생(KBS동물티비)
https://youtu.be/BAK8GzQkgJ8?si=TkDV4AEVzRGhVkY9
- 벽 사이에 갇힌 새끼고양이…119에 의해 구조(광주MBC)
https://youtu.be/mYnPZTcQ8XY?si=Ob9yF0Z56QBmoD58
- 소방관이 되려는 자, "멈추지마" 지옥같은 소방학교 체력훈련부터!(울산MBC뉴스)
https://youtu.be/CwUMauw9ALM?si=Xip6_q2LEgOPZV3h
- 소방관 이미지 개선 홍보 영상(소방청TV)
https://youtu.be/yCfItBASGBE?si=SIIx9OlYLjvkms27
- 경기도국민안전체험관
https://www.youtube.com/@user-wb7xl1mg1y

저자 소개

📓 류상일

고려대학교 정책학 박사 수료, 충북대학교 행정학 박사
소방청 정책자문위원 역임
현) 동의대학교 소방방재행정학과 교수

📓 채 진

서울시립대학교 행정학(재난관리) 박사
소방청 중앙소방학교 전임교수 역임
한국재난관리학회 부회장
소방공무원 채용시험 출제위원
현) 목원대학교 소방안전학부 교수

📓 김영재

단국대학교 행정학 박사
한국행정사학회 간사
현) 단국대학교 행정학과 초빙교수

Rescues

영상으로 공부하는
인명구조 강의노트

Rescues